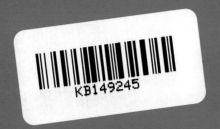

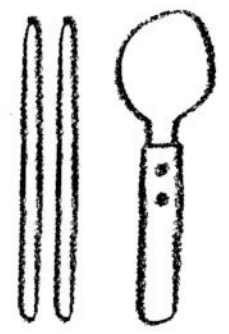

백종원의 혼밥 메뉴

초판 1쇄 발행 2018년 08월 03일
초판 24쇄 발행 2024년 11월 04일

지은이 백종원

발행인 심정섭
편집장 신수경
디자인 Design Group ALL.
사진 김철환(요리)장봉영(인물)
스타일링 하지은(loft by H) 박호정(어시스트)
그릇 협찬 에리어플러스(areaplus 070-7554-7777)
마케팅 김호현
제작 정수호

발행처 (주)서울문화사 | **등록일** 1988년 12월 16일 | **등록번호** 제2-484호
주소 서울시 용산구 한강대로 43길 5 (우)04376
구입문의 02-791-0708 | **팩시밀리** 02-749-4079
이메일 book@seoulmedia.co.kr
블로그 smgbooks.blog.me | **페이스북** www.facebook.com/smgbooks/

ISBN 978-89-263-6621-9 (13590)

백종원의 혼밥 메뉴

백종원 지음

서울문화사

프롤로그

"이제는 나를 위해 요리한다!"

혼자 먹는 나를 위한 따뜻한 한 끼 밥상

요즘은 혼자 사는 사람들이 부쩍 많아졌습니다. 흔히 '1인 가족' 또는 '혼밥족'이라고도 하는데, 그만큼 가족의 모습도 많이 달라지고 있습니다. 이 책《백종원의 혼밥 메뉴》는 혼자 사는 사람들이 집에서 손쉽고 간편하게 만들어 먹을 수 있는 메뉴를 담았습니다. 사실 혼자 먹을 건데 굳이 만들어 먹기보다는 간단하게 사 먹거나 시켜 먹는 게 더 편할 수도 있습니다. 시간을 내어 재료를 준비하고 요리까지 하기란 다소 번거로운 일이기 때문입니다. 하지만 오직 나만을 위해 요리를 하면서 요리하는 과정 그 자체를 즐겨보면 어떨까요? 자신이 먹을 음식을 손수 만들면서 나 자신을 소중히 하는 마음을 가졌으면 하는 바람으로 이 책을 기획하게 되었습니다.

이 책에서는 라면, 덮밥, 면, 빵, 안주, 음료 등 한식뿐만 아니라 여러 나라의 메뉴를 다양하게 담았고, 무엇보다 혼자 사는 사람들에게 가장 유용할 한국식매운소스, 동남아식매운소스, 볶음고추장소스 등 만능양념장의 비법도 들어 있습니다. 또한 연인, 친구, 가족 등이 방문했을 때 간단한 재료로 손쉽게 대접할 수 있는 메뉴들도 소개했습니다.

비록 간단한 요리 과정이지만 누구나 쉽게 따라할 수 있도록 최대한 많은 과정 사진을 보여주고자 했습니다. 단, 과정을 따라가면서 짠맛, 단맛, 신맛 등 간은 개개인의 입맛에 따라 조절하면 됩니다.

오늘은 뭘 먹을까, 라는 질문은 참 중요합니다. 아무리 혼자 먹는 식사라도 즐겁게, 맛있게 먹을 수 있어야 합니다. 이 책을 통해 나를 위해 시간과 정성을 들이며 요리하는 즐거움에 푹 빠져보길 바랍니다. 나아가 직접 요리를 해보면서, 요리해주는 사람에 대한 고마움도 함께 느껴볼 수 있었으면 합니다.

2018년 7월

혼밥족이 챙겨야 할 양념과 계량법

혼밥족이 챙겨야 할 양념

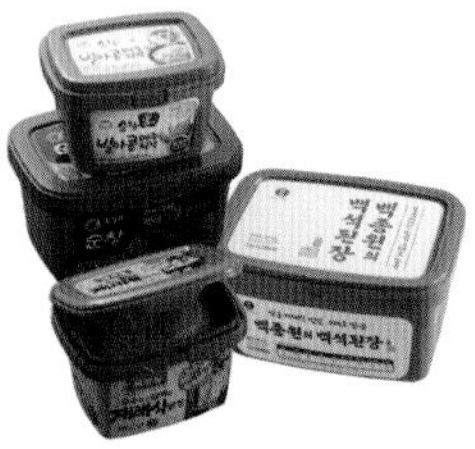
된장

고추장

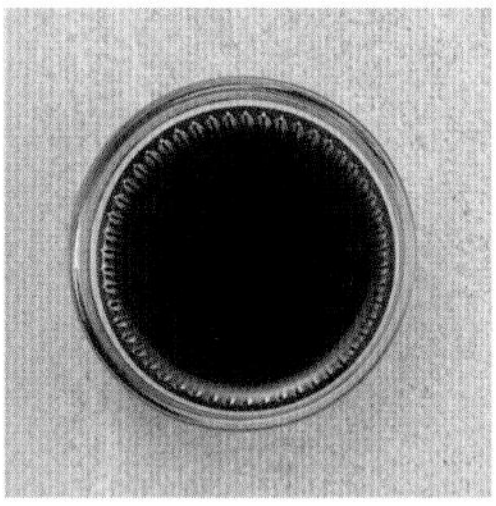
진간장

국간장

굵은 고춧가루

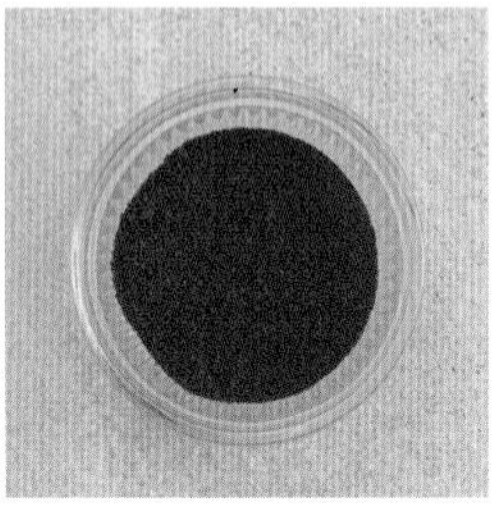
고운 고춧가루

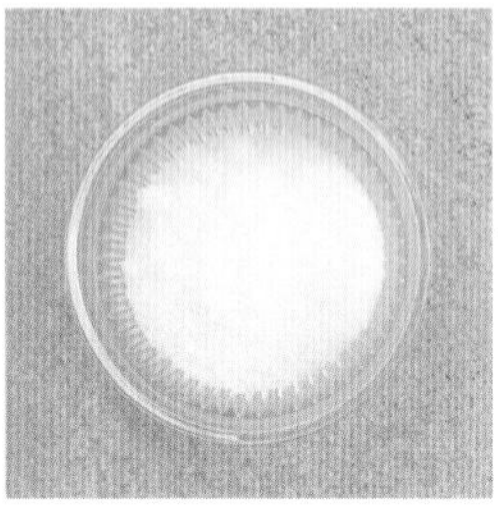
꽃소금

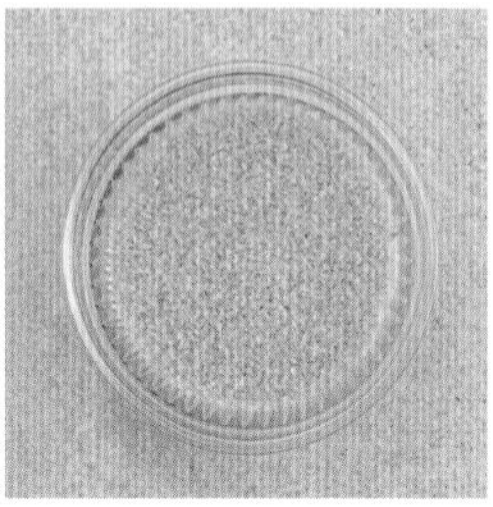
황설탕

통마늘

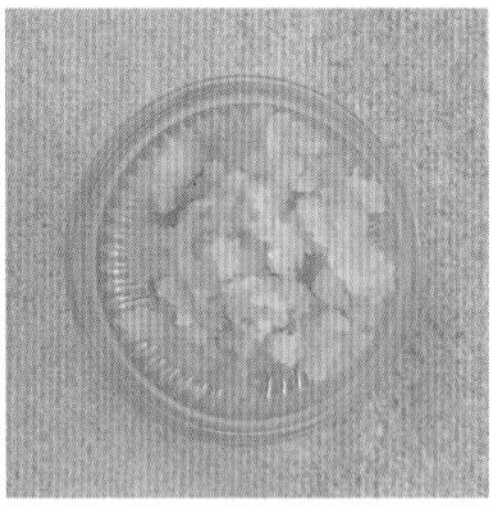
간 마늘

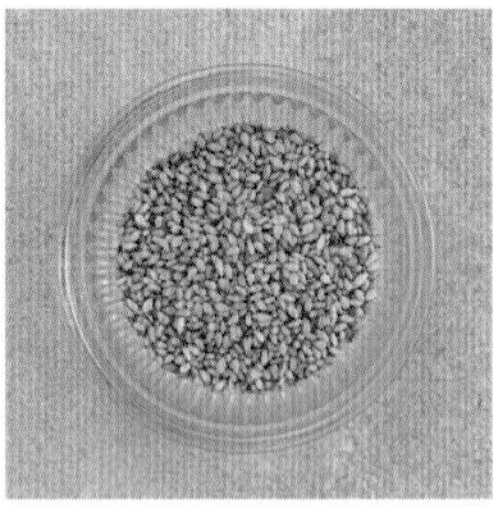
통깨

깨소금

통후추

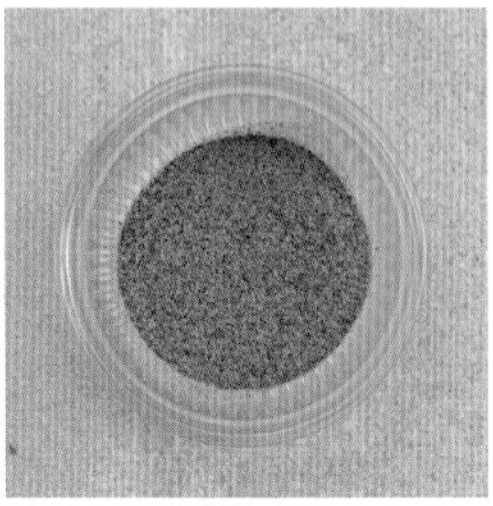
후춧가루

새우젓

까나리액젓

멸치액젓

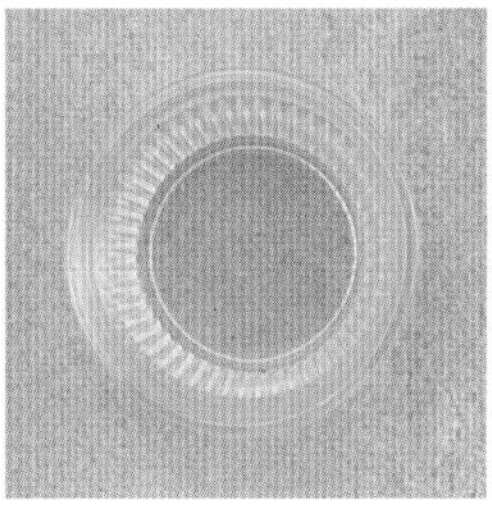
양조식초

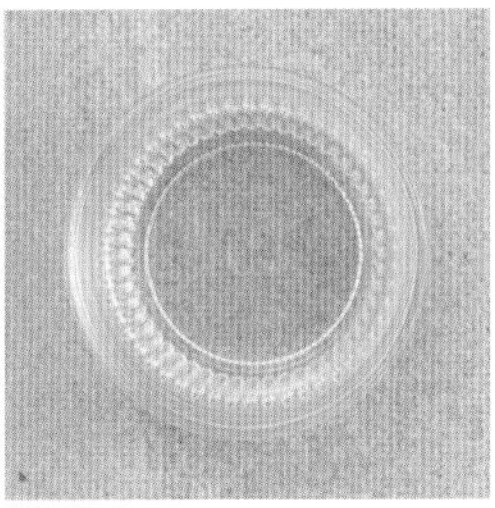
식용유

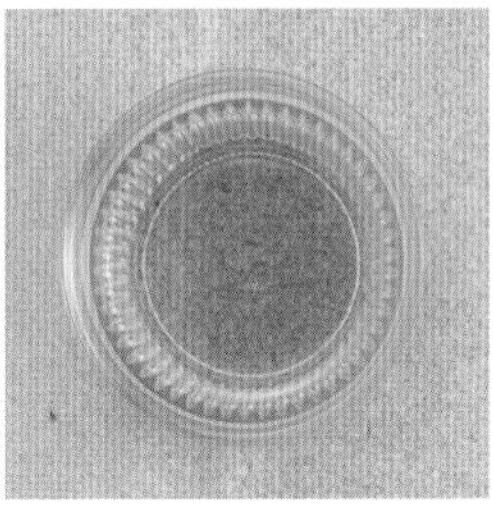
올리브유

참기름

버터

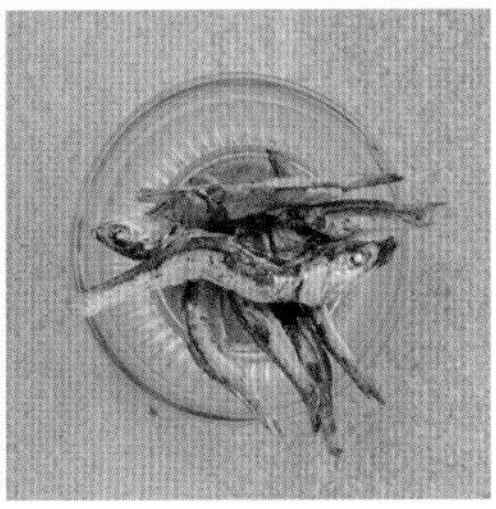
멸치

다시마

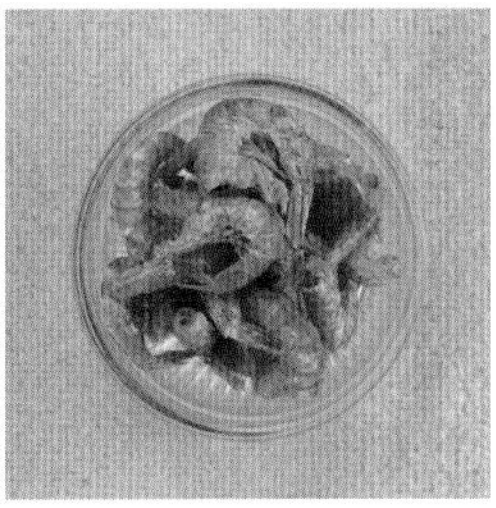
건새우

밀가루

부침가루

튀김가루

전분

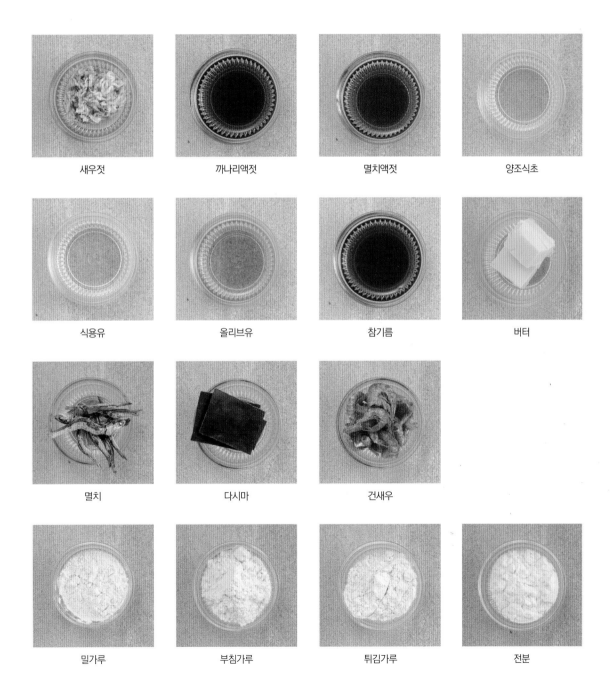

굴소스

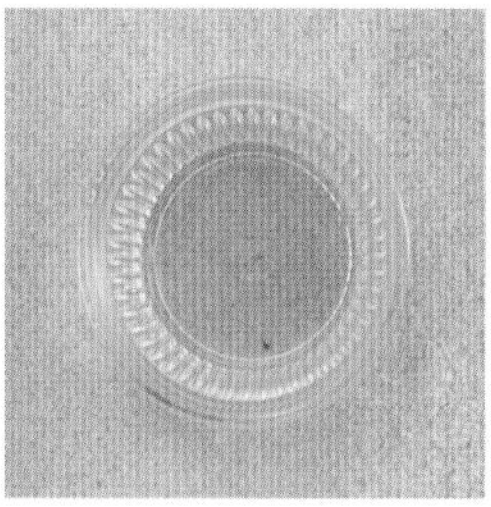
맛술

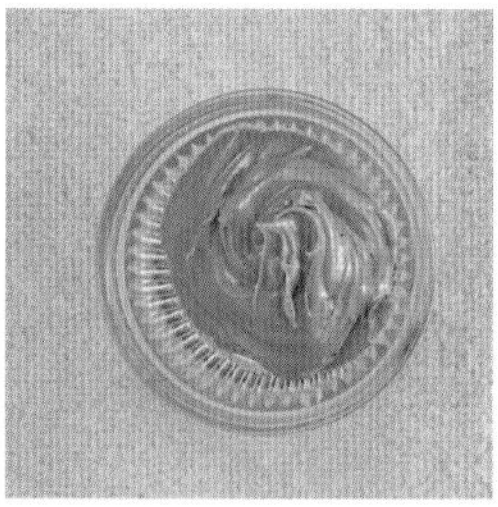
땅콩버터

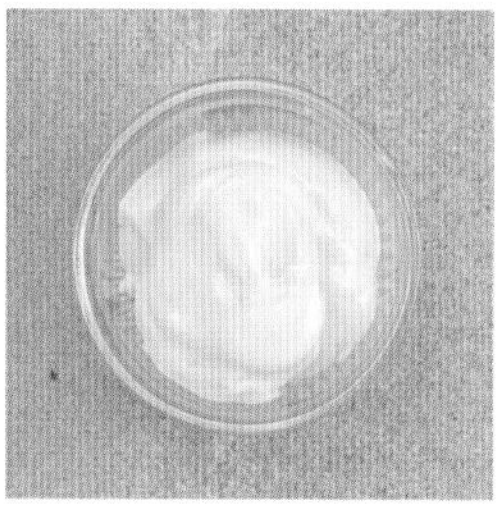
마요네즈

카레가루

연유

혼밥족이 알아두어야 할 계량법

- 이 책의 계량은 밥숟가락과 종이컵으로
- 1큰술은 밥숟가락으로 소복이 한 숟가락
- 1컵은 종이컵 1컵이며 약 180ml
- 모든 양념은 개인 취향에 따라 가감 가능

1큰술

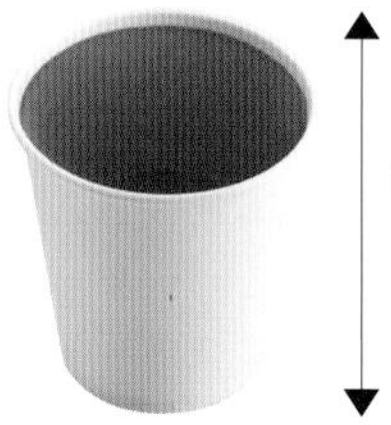
약 180ml

혼밥족이 챙겨야 할 비상식량 No. 4

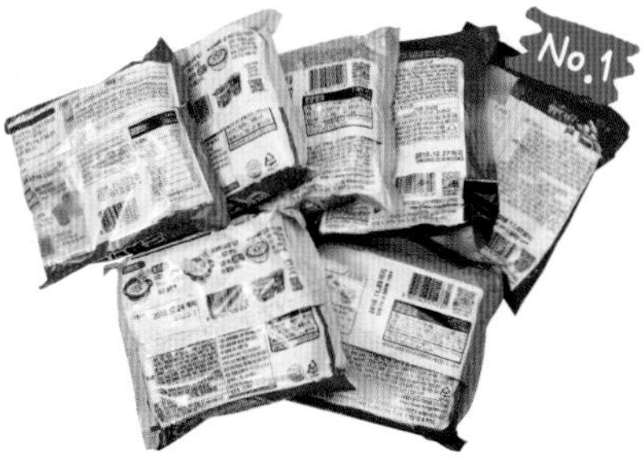

No.1

라면

혼밥족과 떼려야 뗄 수 없는 관계인 국민 식량 라면. 일반 조리법으로 끓인 라면부터 파스타, 라면전까지 백종원 레시피와 함께라면 그 활용 범위는 무궁무진하다.

No.2

즉석밥

면보다는 밥이 당길 때, 하지만 밥을 짓기 힘들 때 즉석밥은 한 줄기 빛이다. 간편하게 즉석밥을 활용해서 각종 덮밥, 볶음밥, 주먹밥을 만들 수 있다.

No.3

참치 통조림

쉽게 구할 수 있는 재료인 참치 통조림은 각종 면 요리, 밥 요리, 빵 요리에 두루 활용 가능하다. 주먹밥, 동그랑땡, 카나페 등 안주에도, 간편한 식사 메뉴에도 훌륭한 재료가 된다.

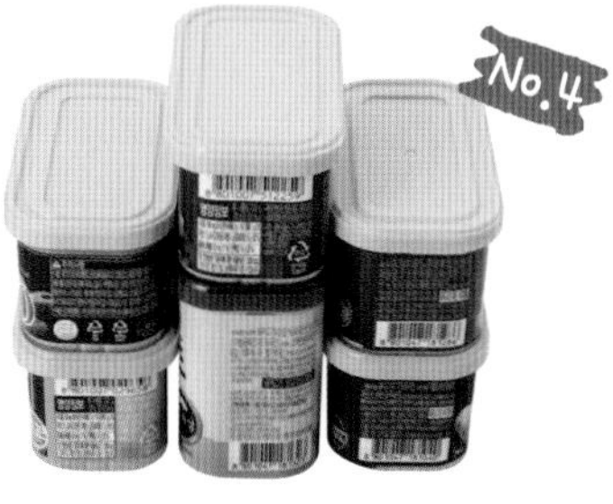

No.4

통조림 햄

별다른 반찬이 없어도 통조림 햄 하나만 있으면 밥도둑이 따로 없다. 그냥 굽거나 데쳐 먹어도 되고, 간식, 식사, 안주, 디저트까지 어떤 메뉴든 근사한 요리로 업그레이드할 수 있다.

차례

혼밥족을 위한 만능양념1
한국식매운소스

1장 간단하게 뚝딱, 실속 있는 한 그릇 요리

라면류

밥류

국수 · 우동류

혼밥족을 위한 만능양념2

동남아식매운소스

2장 혼자서도 우아하게, 알뜰한 빵 요리

혼밥족을 위한 만능양념3

볶음고추장소스

3장 함께 먹어 더 맛있는 요리

혼밥족을 위한 만능양념 01

한국식매운소스

밖에서 아무리 좋은 음식, 맛있는 음식을 먹어도 집밥이 유난히 그리운 날이 있다. 이런 날 혼밥족에게 집밥을 쉽고 빠르게, 그리고 맛있게 먹을 수 있도록 도와주는 한국식매운소스. 특별한 재료나 복잡한 과정 없이도 만들 수 있고, 어떤 요리에도 요긴하게 사용할 수 있어 혼밥족에게는 더욱 유용한 소스다. 반찬 없는 날 밥에 비벼만 먹어도 맛있고, 국이나 찌개 끓일 때 넣으면 부족한 맛을 채워주기에 충분하다. 짬 날 때 만들어두고 간편하게 한국인의 매운맛을 즐겨보자.

한국식매운소스

청양고추의 매운맛을
즐기는 모든 혼밥족에게
유용한 절대 소스!

재료

- ☑ 국물용 멸치 1컵(35g)
- □ 청양고추 10개(100g)
- □ 간 마늘 1큰술
- □ 국간장 2큰술
- □ 황설탕 $\frac{1}{3}$큰술
- □ 꽃소금 1큰술
- □ 물 1컵(180ml)

기호에 따라 멸치 양을
조절한다.
1

국물용 멸치는 머리와 내장을 제거한다.

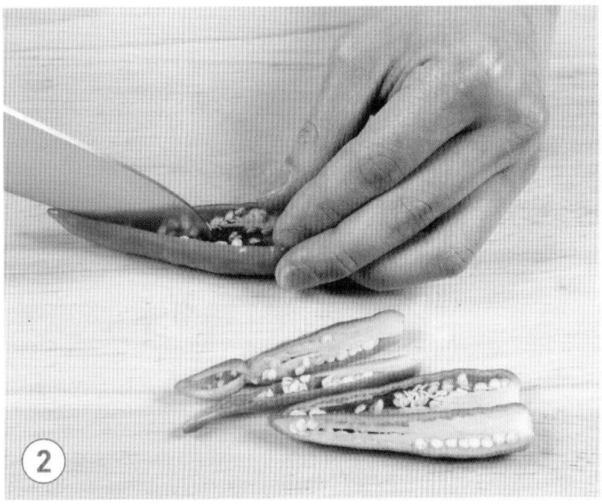

청양고추는 꼭지를 떼고 길게 반으로 자른다.

냉장고에 오래 보관한 멸치일수록
비린 맛이 강한데 기름을 두르지 않은
마른 팬에 볶아서 사용하면
비린 맛을 줄일 수 있다.
3

넓은 팬을 불에 올려 달군 후 식용유 없이 멸치를 넣고 볶는다.

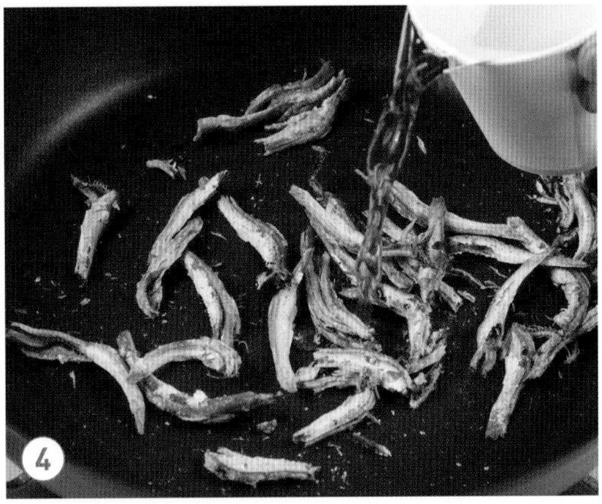

멸치가 볶아지면 팬에 물을 붓고 강불에서 끓인다.

국물이 끓어오르면 청양고추를 넣는다.

이때 너무 오래 끓이면 매운맛이 날아가므로 주의한다.
국간장이 없다면 진간장도 OK!
6

국간장, 간 마늘, 꽃소금, 황설탕을 넣고 가볍게 저어주며 약 1~2분간 끓인다.

불을 끄고 그릇에 옮겨 담아 넓게 펴서 식힌다.

재료가 충분히 식으면 믹서에 넣고, 청양고추가 거칠게 느껴질 정도로 갈아서 한국식매운소스를 완성한다.

밀폐 용기에 옮겨 담아 냉장고에 보관한다.

한번 만들어둔 한국식매운소스는 가급적 빨리 먹는 것이 좋다. 하지만 밀폐 용기에 담아 냉장 보관한다면 최대 1주일 정도 두고 먹을 수 있다.

한국식매운소스 이렇게도 활용해보자

한국식매운소스를 만들어두면, 다음에 소개되는 해장라면, 된장찌개뿐만 아니라 밥에 비벼 먹어도 좋고, 김치찌개나 콩나물국에도 활용할 수 있다. 또한 잔치국수에 넣으면 칼칼한 맛을 내고 소시지채소볶음이나 국물떡볶이에 넣으면 더욱 매콤하게 즐길 수 있다. 한국식매운소스를 여러 메뉴에 활용해보자.

잔치국수

평소 잔치국수가 밋밋하게 느껴졌다면, 한국식매운소스를 넣어 매콤하고 칼칼하게 즐겨보자. 한국식매운소스를 한 숟갈 얹었을 뿐인데 평범한 잔치국수에서 특별한 맛의 잔치국수로 거듭난다.

소시지채소볶음

술안주로도, 밥반찬으로도 즐겨 먹는 소시지채소볶음에도 한국식매운소스를 곁들이면 더욱 강력한 술도둑, 밥도둑이 된다.

국물떡볶이

더욱 맵고 칼칼한 떡볶이를 먹고 싶다면 국물떡볶이에도 한국식매운소스를 넣어보자. 스트레스가 날아감과 동시에 자작한 국물이 다음 날에도 다시 생각날 것이다.

한국식매운소스 활용메뉴1

해장라면

숙취가 '싸악' 풀리는
얼큰한 라면!

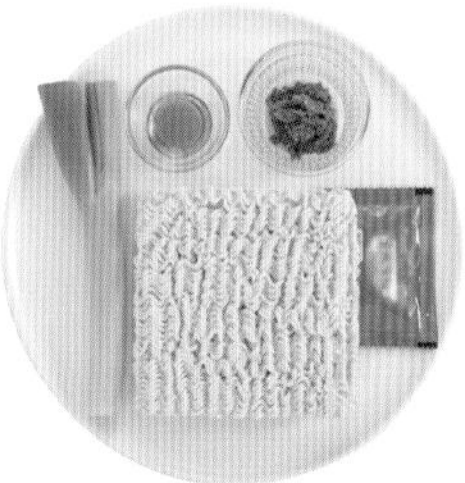

재료

- ☑ 라면 1개
- □ 대파 $\frac{1}{2}$컵(30g)
- □ 한국식매운소스 1큰술(18g)
- □ 참기름 $\frac{1}{3}$큰술
- □ 물 약 3컵(550ml)

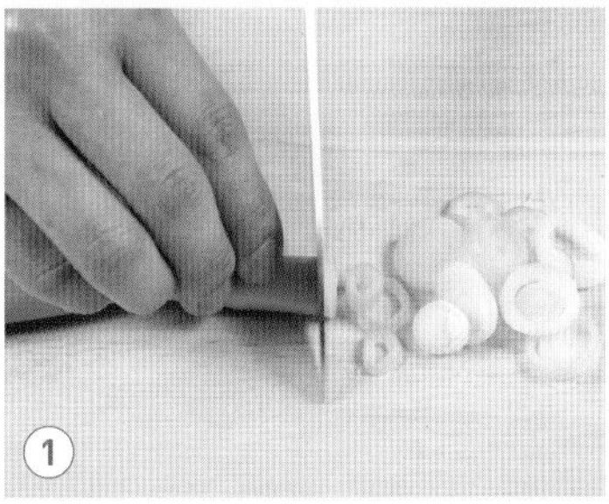
1

대파는 0.3cm 두께로 송송 썬다.

2

냄비에 물을 붓고 불에 올려 건더기 스프, 분말 스프를 넣고 끓인다.

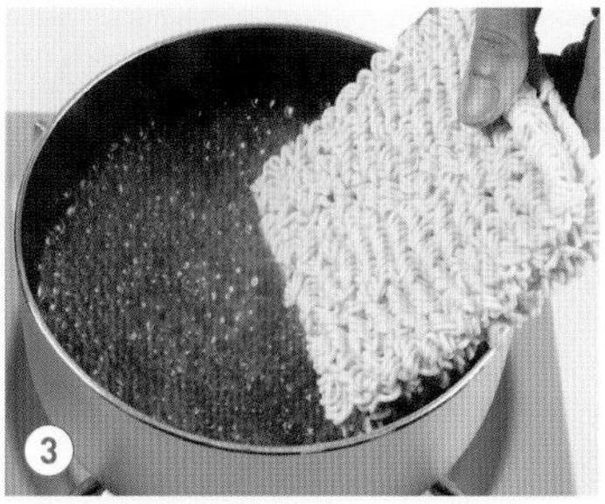
3

국물이 팔팔 끓어오르면 면을 넣는다.

4

한국식매운소스를 넣고 집게를 이용해 면과 소스를 잘 섞는다.

5

면이 풀어지면 참기름을 넣고 가볍게 섞는다.

6

면이 익으면 집게를 이용해 면을 건져서 그릇 중앙에 담는다.

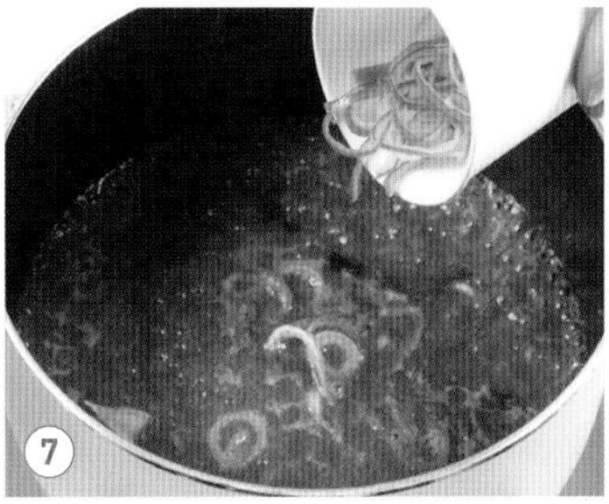
7

면을 건져내고 남은 국물에 대파를 넣고 불을 끈다.

대파가 남으면
마지막에
고명으로 올려도 좋다.
8

그릇에 담긴 면을 들어 올려 대파 넣은 국물을 부어서 완성한다.

tip

면을 들어 올린 후 국물을 부으면 면의 꼬들꼬들함도 살리고, 보기에도 예쁘게 담을 수 있다.

한국식매운소스 활용메뉴 2

된장찌개

집밥이
그리운 날
초스피드로
뚝딱!

재료

☑ 두부 반 모 1팩(180g)
☐ 대파 $\frac{1}{2}$대(50g)
☐ 양파 약 $\frac{1}{4}$개(62g)
☐ 된장 1큰술
☐ 한국식매운소스 1큰술(18g)
☐ 물 1$\frac{1}{2}$컵(270ml)

1

두부는 2x2cm 크기의 주사위 모양으로 썰고, 대파는 0.5cm 두께로 송송 썬다. 양파는 2x2cm 크기로 썬다.

2

뚝배기에 물을 붓고 불에 올린 후 된장을 넣는다.

3

된장이 잘 풀어지도록 숟가락으로 젓는다.

4

양파, 두부, 대파를 넣고 강불에서 끓인다.

5

국물이 끓기 시작하면 한국식매운소스를 넣는다.

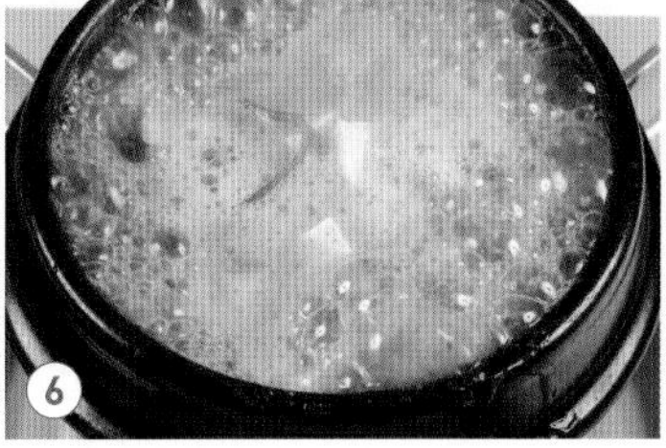
6

재료를 잘 섞어가며 팔팔 끓인다.

7

불을 끄고 완성한다.

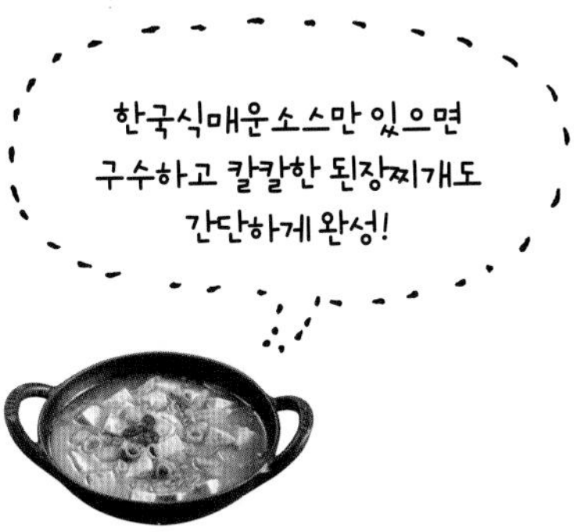
한국식매운소스만 있으면
구수하고 칼칼한 된장찌개도
간단하게 완성!

01

혼밥
메뉴

간단하게 뚝딱, 실속 있는 한 그릇 요리

혼자 살다 보면 사 먹든 만들어 먹든 한 그릇으로 딱 떨어지는 메뉴를 즐겨 찾게 된다. 혼밥족의 영원한 동반자인 라면뿐만 아니라 특별한 재료 없이 만들어도 입에 착착 붙는 국수, 우동은 혼밥족에게는 비상식량이자 필수 아이템. 매번 같은 레시피로 끓여 먹던 면 요리에 변화를 주고 싶다면 백종원표 레시피를 활용해보자. 또 덮밥, 볶음밥, 주먹밥은 반찬 몇 가지를 준비하는 것 이상의 효과를 낼 수 있는 실속 메뉴이므로 꼭 익혀두도록 하자.

- 라면류
- 밥류
- 국수 · 우동류

라면류

김치라면

신김치, 깨소금, 참기름을
넣어 고소함을 최대로
끌어올린 백종원표 김치라면!

재료

- ☑ 라면 1개
- ☐ 신김치 약 $\frac{2}{3}$컵(86g)
- ☐ 대파 3큰술(21g)
- ☐ 참기름 $\frac{1}{2}$큰술
- ☐ 깨소금 $\frac{1}{3}$큰술
- ☐ 물 약 3컵(550ml)

김치는 도마에서 썰지
않는다. 도마에 김치색이
물들면 곤란!
1

신김치는 볼에 넣고 가위로 잘게 자른다.

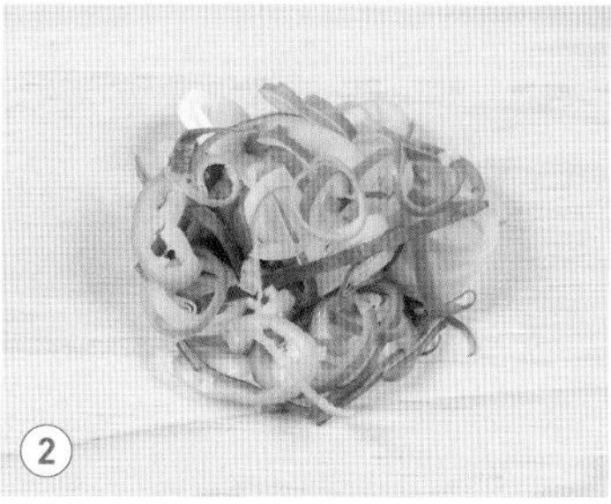
2

대파는 0.3cm 두께로 송송 썬다.

3

냄비에 물을 붓고 불에 올려 건더기 스프, 분말 스프를 넣고 끓인다.

4

국물이 팔팔 끓어오르면 면을 넣는다.

5

준비해둔 신김치를 넣고 집게를 이용해 가볍게 섞는다.

6

면이 풀어지면 대파를 넣는다.

7

깨소금과 참기름을 넣고 섞은 후 불을 끈다.

8

집게를 이용해 면을 그릇에 옮겨 담고, 그릇에 담긴 면을 살짝 들어 올린 후 국물을 부어서 완성한다.

tip

김치라면은 신김치로 끓여야 제맛이 난다. 김치가 덜 익었다면 식초 $\frac{1}{2}$큰술을 국물에 넣어보자. 신김치로 끓인 맛을 낼 수 있다. 단, 사과식초는 제외.

라면류

고추장짜장라면

고추장을 넣어
매콤함을 더한
고추장짜장라면.

재료

☑ 짜장라면 1개
☐ 고추장 $\frac{1}{2}$큰술
☐ 물 2컵(360ml)

물의 양은 일반 라면
끓일 때보다 적게!
1

냄비에 물을 붓고 불에 올려 건더기 스프를 넣고 끓인다.

면은 반으로
가르지 말고 그대로.
2

물이 팔팔 끓어오르면 면을 넣는다.

3

면이 덜 익은 상태에서 물을 $\frac{1}{4}$컵 따라내, 면이 살짝 잠길 정도로만 남긴다.

4

고추장을 넣고 면과 고추장이 잘 섞이도록 집게로 저으면서 섞는다.

유성 스프가 들어 있는 것은
유성 스프도 모두 넣는다.
5

짜장라면 스프를 넣는다.

6

재료를 잘 섞은 다음 국물이 거의 없어지고 면에서 윤기가 나면 불을 끈다.

오이를 채 썰어
고명으로 올려도 좋다.
7

집게를 이용해 그릇에 옮겨 담아서 완성한다.

고추장 반 숟가락
넣었을 뿐인데
기존에 먹던 짜장라면과는
차별된 맛!

라면류

볶음라면

특별한 재료 없이
만들어도 입에 착착 붙는
볶음라면.

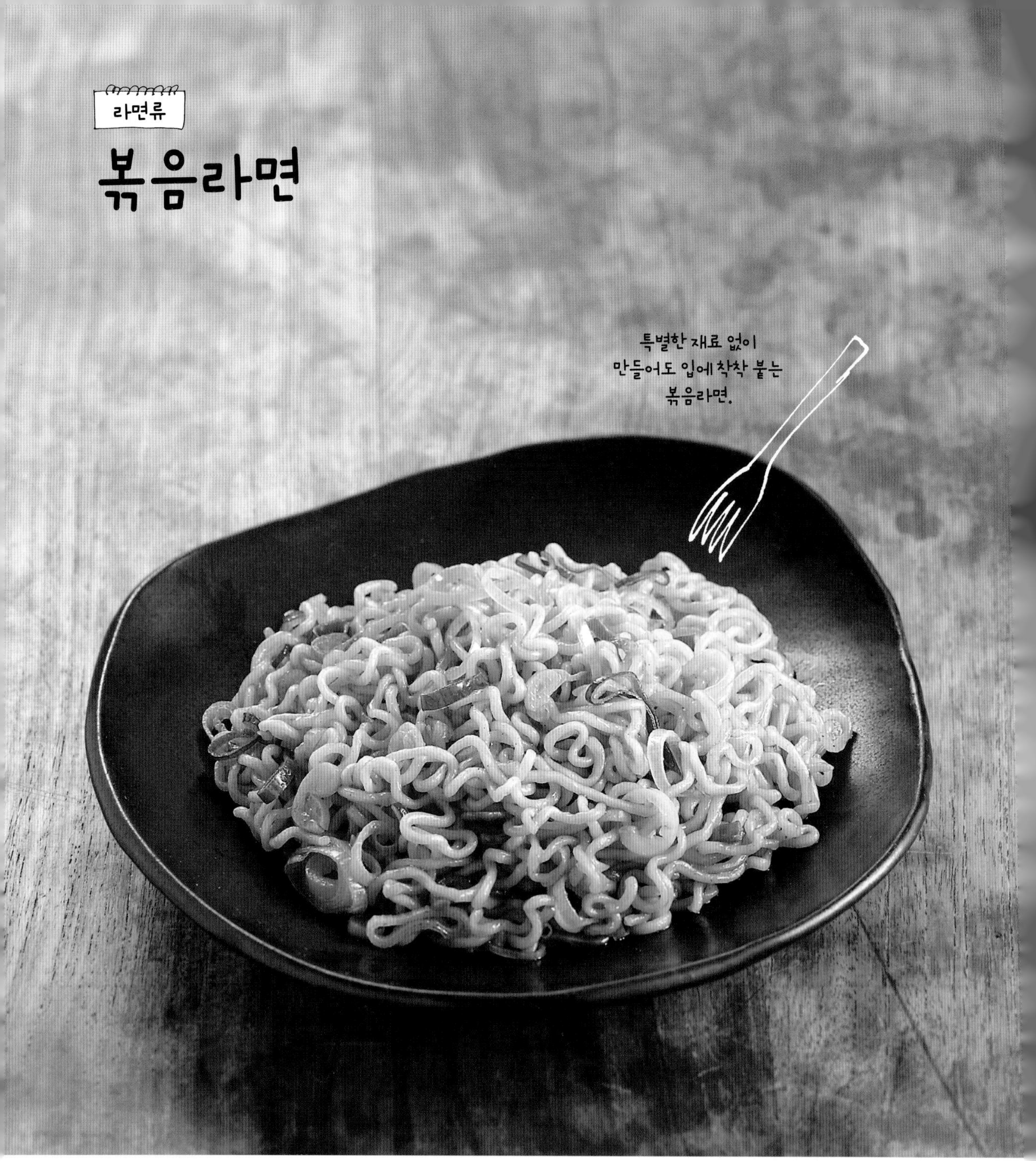

재료

☑라면 1개
□대파 3큰술(21g)
□식용유 2큰술
□물 2컵(360ml)

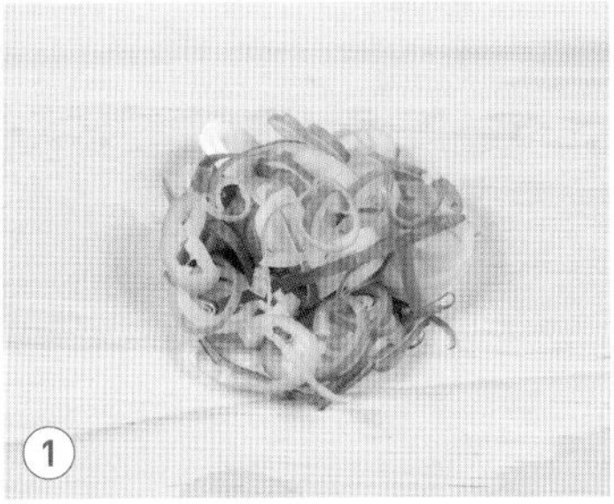

대파는 0.3cm 두께로 송송 썬다.

물은 모두 따라낼
것이므로 물의 양은
크게 상관없음!

냄비에 물을 붓고 불에 올려 건더기 스프를 넣고 끓인다.

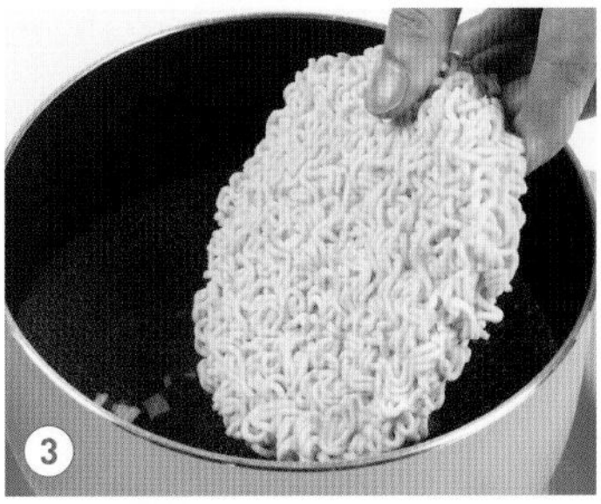

물이 팔팔 끓어오르면 면을 넣는다.

면이 거의 익으면 불을 끄고 체에 밭쳐 물을 전부 따라낸다.

면을 다시 냄비에 넣고 그 위에 대파를 넣는다.

분말 스프의 양은
입맛에 따라 조절 가능!

분말 스프를 반 정도만 넣고, 식용유를 넣는다.

냄비를 다시 불에 올려 집게로 재료를 골고루 섞으며 볶는다.

면이 익으면 불을 끄고 집게를 이용해 면을 그릇에 옮겨 담아서 완성한다.

라면류

불맛짬뽕라면

집에서도
불맛 나는 짬뽕을
만들 수 있다!

재료

- ☑ 라면 1개(면발이 두꺼운 것)
- ☐ 대패삼겹살 5장 (50g)
- ☐ 대파 $\frac{1}{2}$컵(30g)+$\frac{1}{2}$큰술(4g) (파기름용 $\frac{1}{2}$컵, 고명용 $\frac{1}{2}$큰술)
- ☐ 양배추 1컵(20g)
- ☐ 양파 $\frac{1}{5}$개(50g)
- ☐ 굵은 고춧가루 1큰술
- ☐ 진간장 1큰술
- ☐ 식용유 4큰술
- ☐ 물 약 $3\frac{1}{4}$컵(595ml)

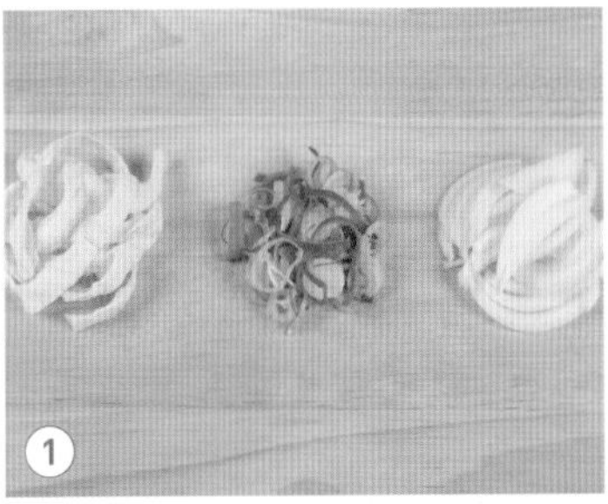

양배추는 두께 0.7cm, 길이 10cm로 채 썬다. 대파는 0.3cm 두께로 송송 썰고, 양파는 0.3cm 두께로 채 썬다.

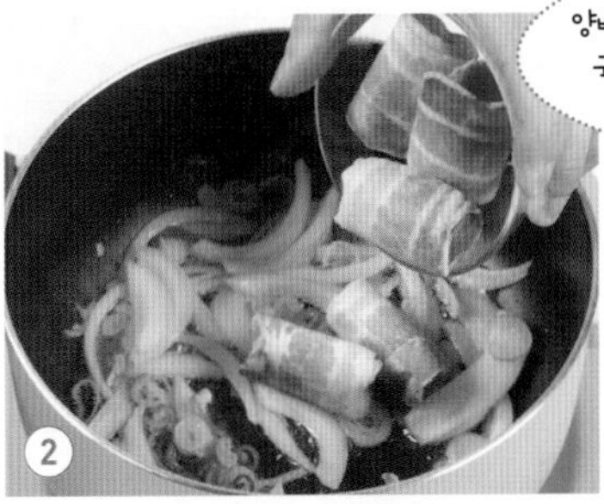

냄비를 불에 올려 식용유를 넣은 후 파기름용 대파, 양파, 대패삼겹살을 넣고 볶는다.

양배추는 익으면 수분이 많이 나와 국물이 질척해지므로 양파보다 늦게 넣는 것이 좋다.

대패삼겹살이 익고, 양파가 노릇노릇하게 볶아지면 양배추를 넣고 볶는다.

기름과 함께 눌은 간장 맛과 볶아진 양파에서 나온 불맛이 어우러지면 풍미가 더욱 좋아진다.

재료를 한쪽 가장자리로 밀고 빈 공간에 진간장을 넣고 살짝 눌린다. 그런 다음 재료와 다시 섞으며 볶는다.

굵은 고춧가루를 넣고 다시 섞으며 볶는다.

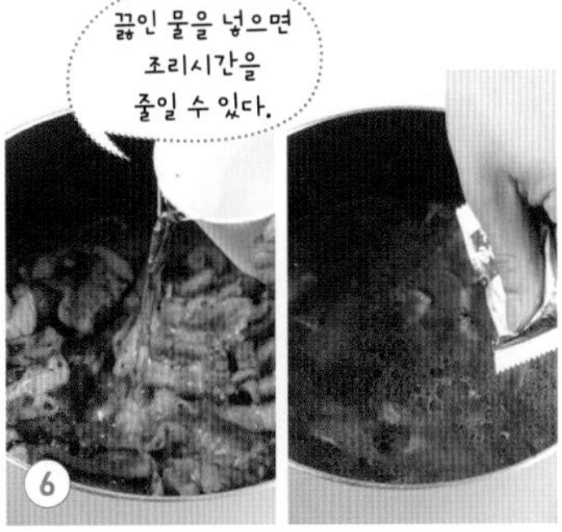

끓인 물을 넣으면 조리시간을 줄일 수 있다.

재료들이 골고루 잘 섞이고 볶아졌으면, 물을 붓고 건더기 스프, 분말 스프를 넣고 끓인다.

국물이 끓기 시작하면 면을 넣고, 집게를 이용해 재료를 골고루 섞으며 끓인다.

면이 익으면 불을 끄고 그릇에 옮겨 담는다.

고명용 대파를 올려서 완성한다.

라면류

탄탄면

라면의 매콤함에
땅콩버터의 고소함이
녹아든 나만의 탄탄면.

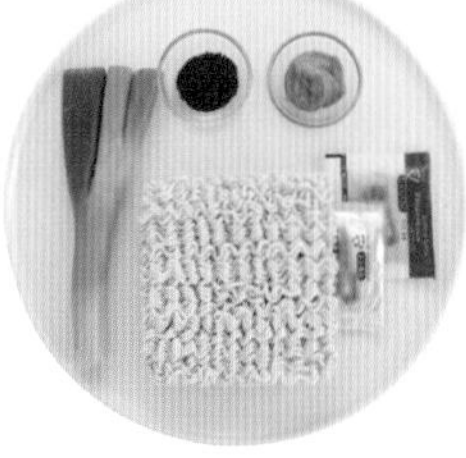

재료

☑ 라면 1개
☐ 땅콩버터 1큰술(20g)
☐ 대파 $\frac{1}{2}$컵(30g)
☐ 굵은 고춧가루 1큰술
☐ 물 약 3컵(550ml)

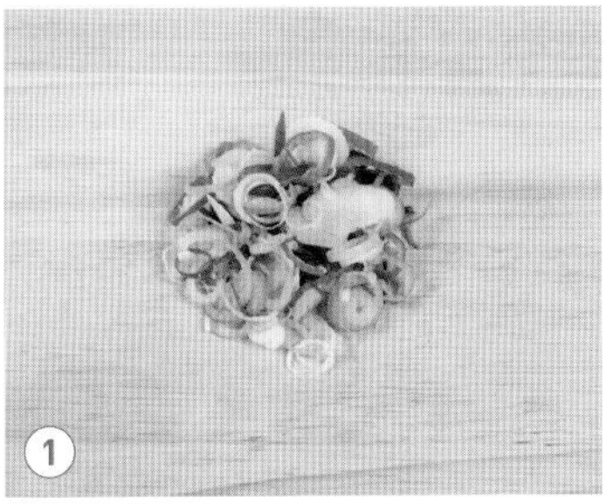

1 대파는 0.3cm 두께로 송송 썬다.

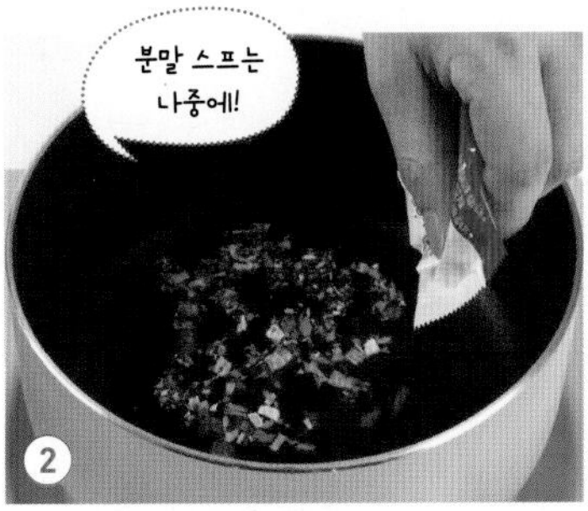
분말 스프는
나중에!

2 냄비에 물을 붓고 불에 올려 건더기 스프를 넣고 끓인다.

3 물이 팔팔 끓어오르면 면을 넣고 끓인다.

$\frac{1}{2}$컵!

4 면이 풀어지면 체에 밭쳐 물을 $\frac{1}{2}$컵 따라내, 냄비에 물을 반 정도만 남긴다.

알갱이가 있는
땅콩버터를
넣어도 좋다.

5 물을 따라낸 면 위에 분말 스프의 반 정도와 땅콩버터를 넣고 집게로 잘 섞는다.

6 대파, 굵은 고춧가루를 넣고 저으며 끓인다.

국물이 자작하게
있어도 좋다.

7 면이 익고 국물이 걸쭉해지면 불을 끄고 그릇에 옮겨 담아서 완성한다.

라면류

액젓라면

감칠맛
폭발하는
액젓라면!

재료

☑ 라면 1개
□ 달걀 1개
□ 대파 $\frac{1}{2}$컵(30g)
□ 액젓 1큰술
□ 물 약 3컵(550ml)

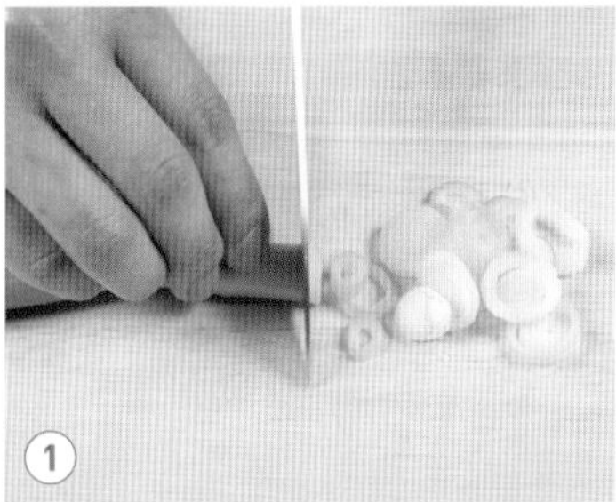

대파는 0.3cm 두께로 송송 썬다.

볼에 달걀을 넣고 저어서 달걀물을 만든다.

냄비에 물을 붓고 불에 올려 건더기 스프, 분말 스프를 넣고 끓인다.

국물이 팔팔 끓어오르면 면을 넣는다.

면 위에 액젓을 넣고 집게로 섞으며 끓인다.

면이 꼬들꼬들한 정도로 살짝 덜 익었을 때 집게를 이용해 면만 그릇에 옮겨 담는다.

면을 건지고 남은 국물에 달걀물과 대파를 넣고 살짝 끓인다.

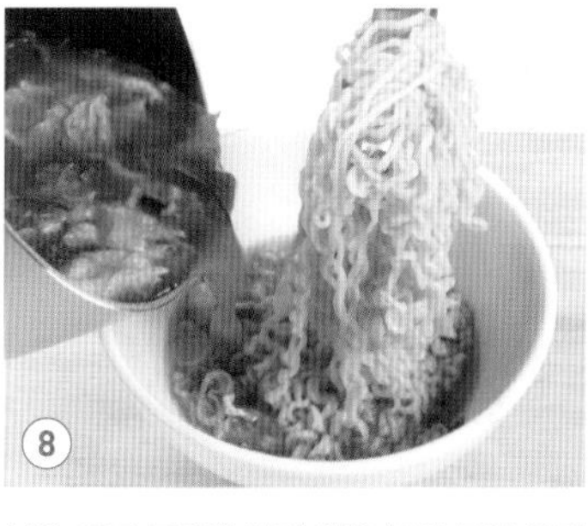

불을 끄고 그릇에 담긴 면을 살짝 들어 올린 후 국물을 부어서 완성한다.

액젓은 음식의 감칠맛을 높여주는 역할을 하는데, 라면 끓일 때에도 1큰술 넣으면 국물 맛이 더욱 풍부해진다.

라면류

우유라면

부드러움이 살짝 코팅되어
자극적이지 않은 우유라면!

재료

☑ 라면 1개
□ 우유 2컵(360ml)
□ 대파 ½컵(30g)
□ 굵은 고춧가루 ½큰술
□ 물 2컵(360ml)

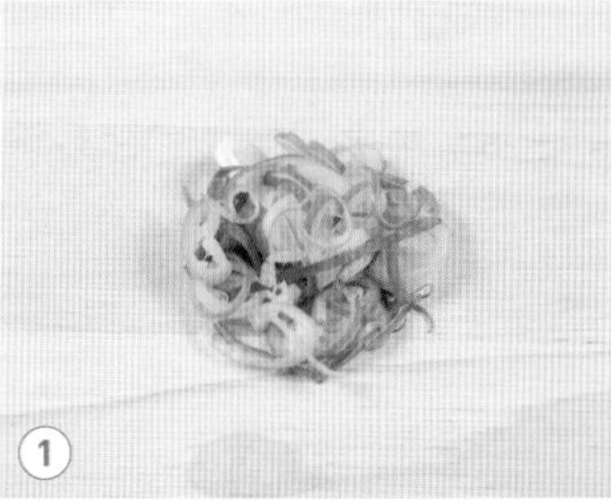

대파는 0.3cm 두께로 송송 썬다.

물은 모두 따라낼
것이므로 물의 양은
크게 상관없음!

냄비에 물을 붓고 불에 올려 물이 끓어오르면 면을 넣는다.

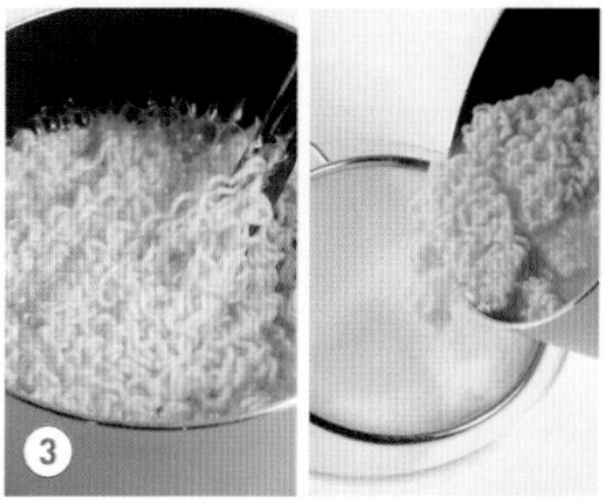

면이 꼬들꼬들한 정도로 살짝 덜 익었을 때 불을 끄고 체에 밭쳐 물을 전부 따라낸다.

우유는 데우지 않고 사용!
찬 우유를 부어야 면에
더 탄력이 생긴다.

다시 냄비를 불에 올려, 물기를 뺀 면에 우유를 붓는다.

분말 스프, 대파, 굵은 고춧가루를 넣고 집게로 섞는다.

국물이 보글보글 끓어오르면 불을 끈다.

집게를 이용해 면을 그릇에 먼저 옮겨 담고 국물을 부어서 완성한다.

라면류

라면전

출출할 때 간식으로,
안주가 마땅치 않을 때
스피드 안주로!

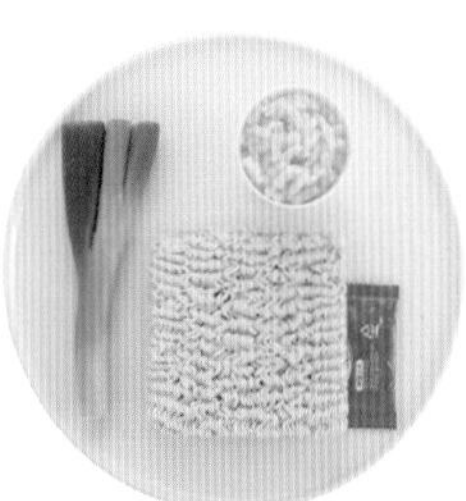

재료

☑ 라면 1개
☐ 모차렐라치즈 1컵(100g)
☐ 대파 $\frac{1}{2}$컵(30g)
☐ 식용유 2큰술
☐ 물 2컵(360ml)

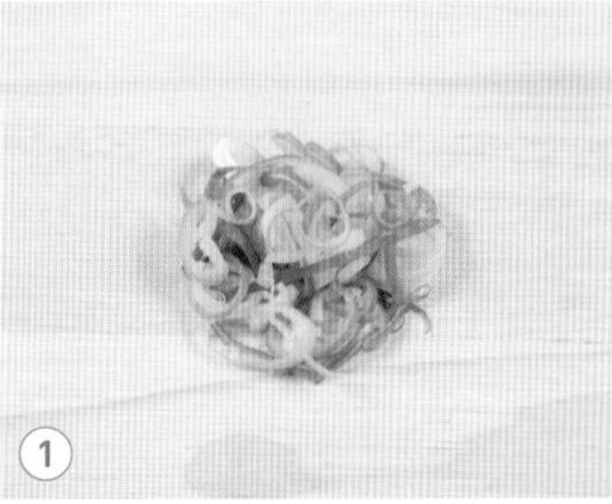

1

대파는 0.3cm 두께로 송송 썬다.

물은 모두 따라낼
것이므로 물의 양은
크게 상관없음!
2

냄비에 물을 붓고 불에 올려, 물이 끓어오르면 면을 넣는다.

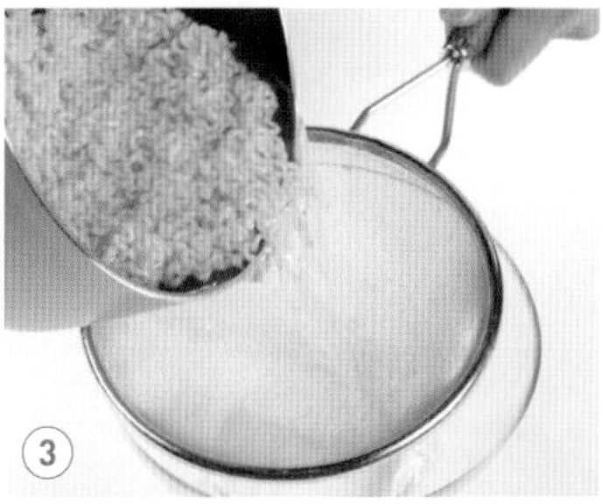

면이 푹 익으면 불을 끄고 면을 체에 밭쳐 물기를 뺀다.

분말 스프의 양은
입맛에 따라 조절 가능!
4

물기를 뺀 면을 볼에 담고 대파와 분말 스프를 넣는다.

5

젓가락으로 면과 양념을 골고루 섞는다.

6

넓은 팬을 불에 올려 달군 후 식용유를 두르고 면을 펴서 올린다.

7

펼친 면 위 절반 정도에 모차렐라치즈를 올린다.

8

뒤집개와 젓가락을 이용해 치즈가 없는 부분을 반으로 접어 덮어준다.

9

앞뒤로 뒤집어가며 치즈가 녹을 때까지 노릇노릇하게 구운 후, 불을 끄고 그릇에 담아서 완성한다.

칼조네? 아니고 라조네!
라면의 색다른 변신!

밥류

마파두부덮밥

두반장 없이도 만들 수 있는
한국식 마파두부덮밥!

재료

- ☑ 간 돼지고기 ½컵(50g)
- ☐ 두부 반 모 1팩(180g)
- ☐ 밥 1공기(200g)
- ☐ 대파 ½컵(30g) + ½큰술(4g)
  (파기름용 ½컵, 고명용 ½큰술)
- ☐ 양파 약 ¼개(62g)
- ☐ 된장 ½큰술
- ☐ 고추장 ¼큰술
- ☐ 간 마늘 1큰술
- ☐ 굵은 고춧가루 1큰술
- ☐ 진간장 3큰술
- ☐ 황설탕 ½큰술
- ☐ 참기름 ½큰술 + 약간
  (마파두부용 ½큰술, 마무리용 약간)
- ☐ 식용유 4큰술
- ☐ 물 1컵(180ml)
- ☐ **전분물**
  (전분 ¼큰술, 물 1큰술)

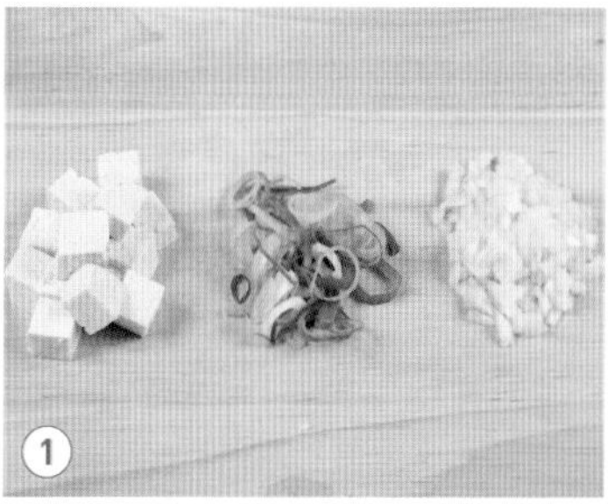

두부는 1.5x1.5cm 크기의 주사위 모양으로 썬다. 대파는 0.3cm 두께로 송송 썰고, 양파는 굵게 다진다.

전분과 물을 섞어서 전분물을 만든다.

팬을 불에 올려 달군 후 식용유를 두르고 파 기름용 대파, 양파, 간 돼지고기를 넣고, 재료를 잘 섞으면서 양파가 투명해질 때까지 볶는다.

굵은 고춧가루, 고추장, 된장을 넣는다.

황설탕, 간 마늘, 진간장을 넣고 양념이 잘 섞이도록 저어가며 볶는다.

재료가 볶아지면 물을 붓고 저은 다음, 물이 끓어오르면 두부를 넣는다.

다시 끓으면 전분물을 넣으면서 섞는다.

재료들이 걸쭉한 농도가 되면 참기름을 넣고 섞은 후 불을 끈다.

덮밥을 담을 때는 밥 위에 올리는
소스가 밥의 일부만 덮어야 더
먹음직스럽고 맛있어 보인다.

넓은 그릇에 밥을 담은 후 그 위에 마파두부를 올린다.

고명용 대파를 올리고 마무리용 참기름을 뿌려서 완성한다.

밥류

김치냄비밥

간단하게, 간편하게
먹을 수 있는
별미 밥!

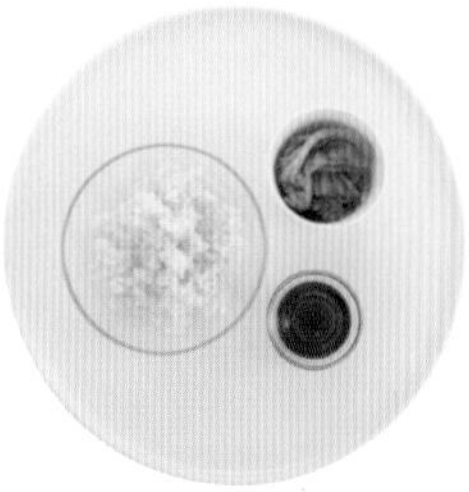

재료

☑신김치 $\frac{1}{2}$컵(65g)
□밥 1공기(200g)
□참기름 2큰술

도구

□양은 냄비 작은 것 1개

볼에 신김치를 넣고 가위로 잘게 자른다.

양은 냄비에 신김치를 넣고 바닥에 골고루 펴준다.

신김치 위에 참기름을 두른다.

신김치 위에 밥을 넣고 젓가락으로 골고루 펴준다.

뚜껑을 닫고 불에 올린 후 김치가 눌은 듯한 냄새가 나기 시작하면 20초 후에 불을 끈다.

뚜껑을 열고 김치와 밥을 골고루 섞어서 완성한다.

밥류

태국식파인애플볶음밥

피시소스 대신
액젓으로
태국식 소스를
만들어보자.

재료

- ☑통조림 파인애플 링 ½개(30g)
- □건새우 8마리(5g)
- □달걀 1개
- □밥 1공기(200g)
- □대파 2큰술(14g)
- □식용유 3큰술

태국식 소스

- □굴소스 1큰술
- □멸치액젓 1큰술
- □황설탕 ½큰술
- □물 3큰술

대파는 반 가른 상태에서 0.3cm 두께로 송송 썰고, 통조림 파인애플은 6등분한다.

달걀은 볼에 깨두고, 밥은 미리 접시에 펴서 식혀둔다.

작은 볼에 멸치액젓, 황설탕, 물, 굴소스를 넣고 황설탕이 녹을 때까지 골고루 섞어서 태국식 소스를 만든다.

넓은 팬에 식용유와 대파를 넣고 불에 올린 후 볶다가 파가 살짝 노릇해지면 건새우를 넣고 저어가며 볶는다.

파와 새우 향이 충분히 올라오면 재료를 팬 한쪽으로 밀고, 팬을 약간 기울여 식용유가 고인 쪽에 깨둔 달걀을 넣는다.

스크램블을 만들 듯 주걱으로 달걀을 저으며 익힌 후 다시 재료와 다 같이 골고루 섞는다.

식혀둔 밥을 넣고 재료와 섞은 후, 밥알이 뭉치지 않도록 주걱으로 볶는다.

태국식 소스를 넣고 주걱으로 골고루 섞은 다음 파인애플을 넣는다.

재료를 섞은 후 불을 끄고 그릇에 옮겨 담아서 완성한다.

밥류

하와이안주먹밥

'무스비'의
간단 버전.
피크닉 갈 때에도
매우 요긴한
메뉴!

재료(1개 분량)

- ☑ 통조림 햄 약 ⅓개 (70g, 200g짜리 통조림 기준)
- □ 밥 약 ⅔공기(140g)
- □ 도시락용 사각 김 2장

도구

- □ 통조림 캔 1개
- □ 비닐랩 30x30cm

통조림 햄은 약 1.5cm 두께로 잘라 준비한다.

밥은 미리 접시에 펴서 식혀둔다.

햄과 밥을 가득 채우고 완성된 것을 싸야 하므로 비닐랩은 넉넉한 크기로 잘라서 준비한다.

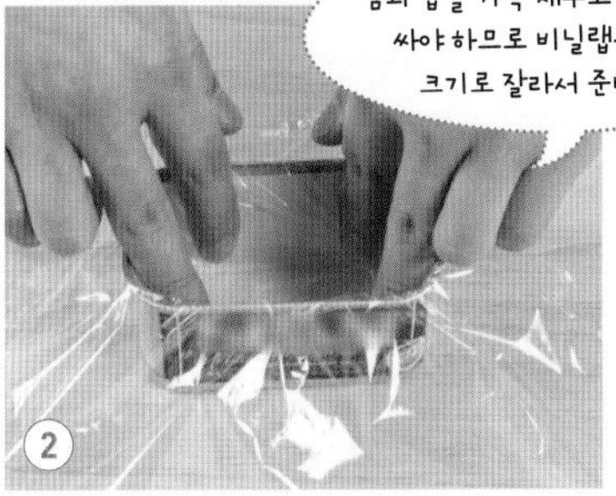

비닐랩을 빈 통조림 캔 안에 깔아준다.

팬을 불에 올려 햄을 넣고 앞뒤로 노릇노릇 하게 굽는다.

잘 구워진 햄을 통조림 캔 바닥에 깐다.

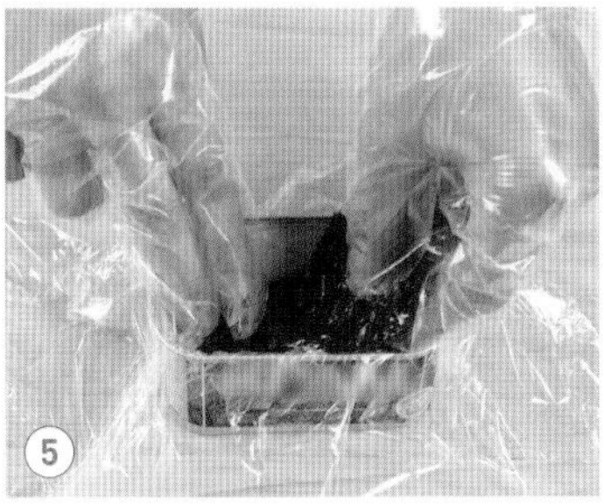

햄 위에 김 2장을 올린다.

통조림 캔과 같은 높이가 되도록 밥 양을 조절한다.

밥을 당구공 크기로 뭉친 다음 김 위에 올려 고루 펴주고 손으로 꾹꾹 누른다.

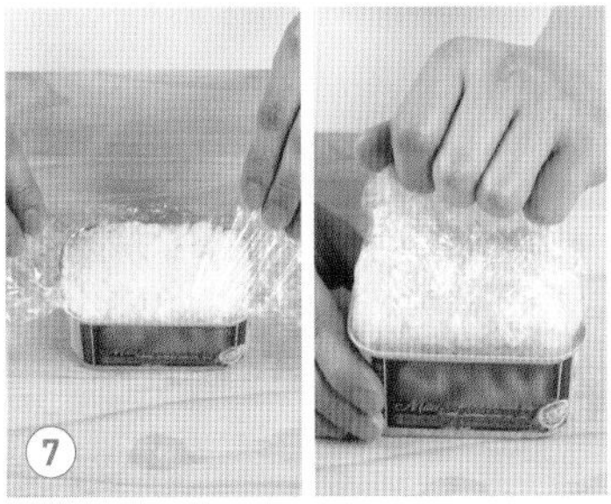

주먹밥 모양을 살려 비닐랩을 밥 위로 감싼 후 랩을 잡아당겨 재료를 통조림 캔에서 꺼낸다.

비닐랩을 벗겨서 완성해도 되지만, 그대로 손으로 들고 비닐랩을 벗겨가며 먹는 것이 제맛!

비닐랩으로 주먹밥 모양을 단단하게 고정시켜서 완성한다.

멸치볶음이나 볶음고추장, 참치 통조림 등 냉장고 속 재료들을 활용하면 다양한 맛의 주먹밥을 만들 수 있다.

통조림 캔만 있으면
평범한 재료로
특별한 주먹밥을
만들 수 있다!

밥류

게맛살주먹밥

재료(1개 분량)

- ☑게맛살 2개(40g)
- □밥 약 $\frac{2}{3}$공기(140g)
- □마요네즈 1$\frac{1}{2}$큰술
- □고추장 $\frac{1}{2}$큰술
- □도시락용 사각 김 2장

도구

- □통조림 캔 1개
- □비닐랩 30x30cm

게맛살은 잘게 찢어놓고, 밥은 미리 접시에 펴서 식혀둔다.

더욱 매콤한 맛을 원한다면 스리라차소스를 추가해도 좋다.
2

작은 볼에 마요네즈와 고추장을 넣고 섞어 고추장마요네즈소스를 만든다.

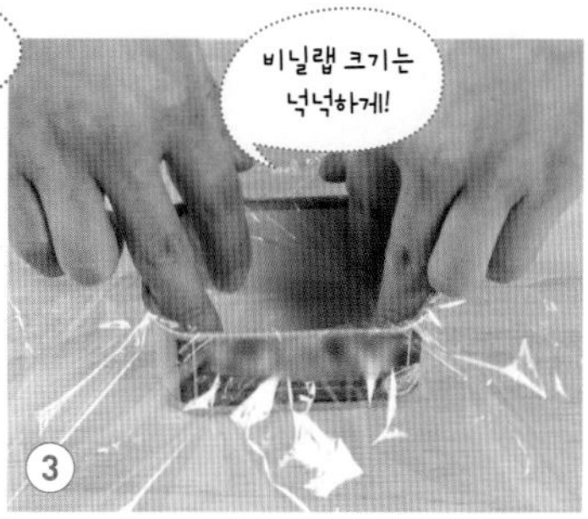

비닐랩을 빈 통조림 캔 안에 깔아준다.

잘게 찢은 게맛살을 통조림 캔 바닥에 평평하게 깐다.

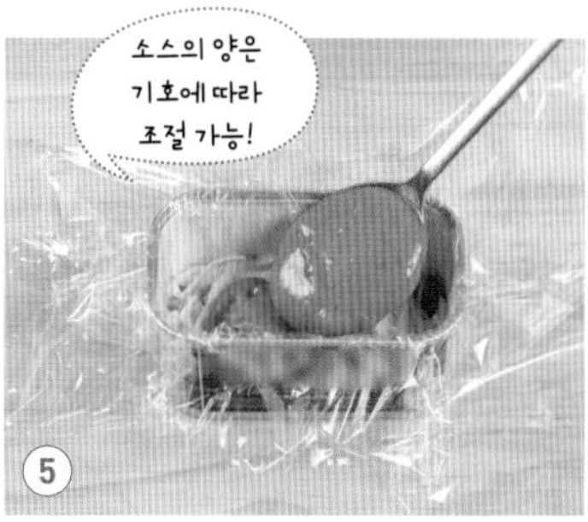

소스의 양은 기호에 따라 조절 가능!
5

게맛살 위에 고추장마요네즈소스를 골고루 펴 바른다.

통조림 캔과 같은 높이가 되도록 밥 양을 조절한다.
6

밥을 당구공 크기로 뭉친 다음 소스 위에 올려 고루 펴주고 손으로 꾹꾹 누른다.

밥 위에 김 2장을 올린다.

주먹밥 모양을 살려 비닐랩을 밥 위로 감싼 후 랩을 잡아당겨 통조림 캔에서 재료를 꺼낸다.

비닐랩을 벗겨서 완성해도 되지만, 그대로 손으로 들고 비닐랩을 벗겨가며 먹는 것이 제맛!
9

비닐랩으로 주먹밥 모양을 단단하게 고정시켜서 완성한다.

밥류

새우젓볶음밥

냉장고 속 재료에 새우젓을
넣고 볶았을 뿐인데 눈이
번쩍 뜨이게 맛있다!

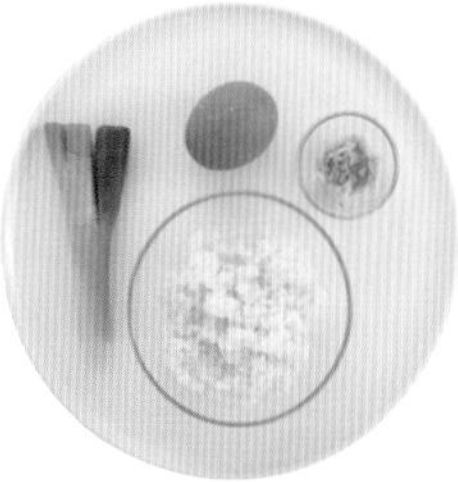

재료

☑ 새우젓 $\frac{1}{2}$큰술(10g)
☐ 달걀 1개
☐ 밥 1공기(200g)
☐ 대파 3$\frac{1}{2}$큰술(25g)
(파기름용 3큰술, 고명용 $\frac{1}{2}$큰술)
☐ 식용유 3큰술

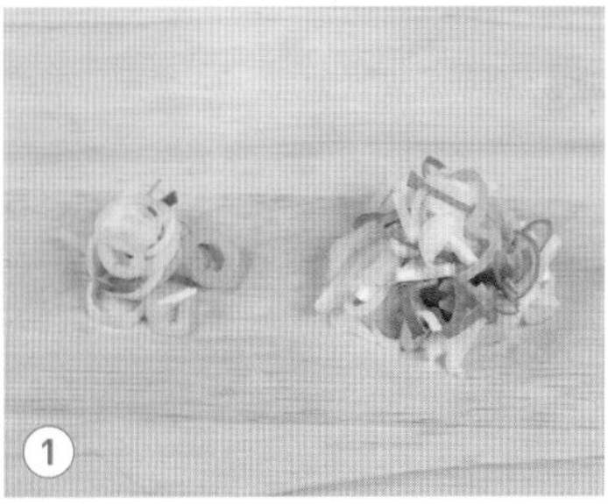

고명용 대파는 0.3cm 두께로 송송 썰고, 파기름용 대파는 반으로 갈라 0.3cm 두께로 송송 썬다.

달걀은 볼에 깨두고, 밥은 미리 접시에 펴서 식혀둔다.

넓은 팬에 식용유와 파기름용 대파를 넣고 불에 올린 후 볶는다.

새우젓을 꼭 짜서 사용. 그렇지 않으면 염도가 높아 너무 짜다!
4

새우젓을 넣고 고소한 향이 날 때까지 충분히 볶는다.

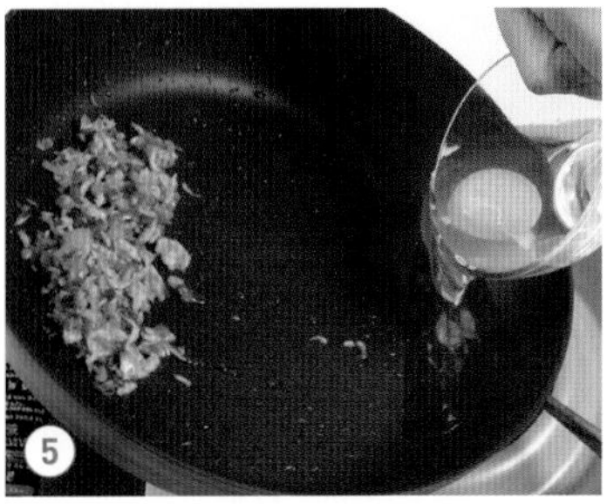

재료를 팬 한쪽으로 밀고, 팬을 약간 기울여 식용유가 고인 쪽에 깨둔 달걀을 넣는다.

스크램블을 만들 듯 주걱으로 달걀을 저으며 익힌 후 다 같이 골고루 섞는다.

달걀이 익으면 식혀둔 밥을 넣고 재료와 섞은 후, 밥알이 뭉치지 않도록 주걱으로 볶는다.

국자를 사용하면 뭉친 밥알이 잘 풀린다.

불을 끄고 잘 볶아진 밥을 그릇에 옮겨 담은 후 고명용 대파를 올려서 완성한다.

밥류

깍두기볶음밥

고깃집에서 고기를 다 먹고도
숟가락을 놓지 못하게 만드는
그 깍두기볶음밥!

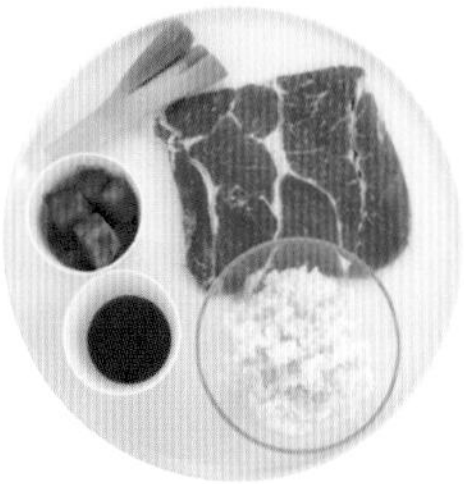

재료

- ☑ 소고기(불고기용) 1장(30g)
- ☐ 깍두기 $\frac{2}{3}$컵(90g)
- ☐ 깍두기 국물 3큰술
- ☐ 밥 1공기(200g)
- ☐ 대파 $\frac{1}{3}$컵(20g)
- ☐ 고추장 $\frac{1}{4}$큰술
- ☐ 굵은 고춧가루 $\frac{1}{3}$큰술
- ☐ 진간장 $\frac{2}{3}$큰술
- ☐ 황설탕 $\frac{1}{4}$큰술
- ☐ 액젓 1큰술
- ☐ 참기름 1큰술
- ☐ 식용유 $\frac{1}{2}$큰술
- ☐ 물 $\frac{1}{3}$컵(60ml)

취향에 따라 소고기는
더 잘게 썰어도 OK!
1

깍두기는 잘게 썰고, 대파는 0.3cm 두께로 송송 썬다. 소고기는 3cm 폭으로 썬다.

2

팬을 불에 올려 식용유를 두른 후 소고기를 넣고 볶는다.

3

소고기에서 기름이 충분히 나왔으면 대파를 넣고 볶는다.

4

파가 노릇노릇하게 볶아져서 파기름이 나오면 물, 깍두기 국물, 깍두기를 넣고 저어가며 끓인다.

집집마다 깍두기의 간이 다르므로
기호에 맞춰 조절한다. 단, 밥을 넣을 것을
생각해 간을 살짝 짭조름하게 맞춘다.
액젓은 모든 액젓 사용 가능!
5

약불에서 고추장, 굵은 고춧가루, 황설탕, 진간장을 넣고 잘 섞는다. 이때 간을 보고 부족하면 액젓을 넣어 보충한다.

6

뚜껑을 닫고 깍두기를 푹 익힌 후 뚜껑을 연다.

7

밥을 넣고 주걱을 이용해 재료를 골고루 섞은 다음 참기름을 넣는다.

8

주걱으로 골고루 섞은 후 밥을 평평하게 펴 주고 뚜껑을 다시 닫는다.

9

약불에서 바닥이 눌을 때까지 4분 정도 뜸을 들인 후 불을 끄고 뚜껑을 열어서 완성한다.

tip

완성된 깍두기볶음밥을 절반 정도 덜어내고 평평하게 편 다음 모차렐라치즈를 골고루 뿌리고, 그 위에 덜어낸 볶음밥을 다시 올리고 뚜껑을 닫아 약불에서 치즈를 녹이면 치즈깍두기볶음밥이 완성된다.

국수 · 우동류

두부콩국수

두부만 있으면
맛있고 시원한
콩국수를
만들 수 있다.

재료

☑두부 반 모 1팩(180g)
□건소면 100g
□땅콩버터 $\frac{1}{3}$큰술
□황설탕 $\frac{1}{3}$큰술
□꽃소금 $\frac{1}{3}$큰술
□통깨 $1\frac{1}{2}$큰술
□물 4컵(720ml) + 두부 용기 1번(250ml)
(면 삶기용 4컵, 국물용 두부 용기로 1번)

설탕과 소금 양은
기호에 따라 조절!
물 대신 우유를 넣으면
더 진한 맛이 난다.
1

믹서에 두부, 물 두부 용기로 1번, 황설탕, 꽃소금, 통깨, 땅콩버터를 넣는다.

2

믹서의 뚜껑을 닫고 깨 덩어리가 안 보일 때까지 충분히 간 다음 냉장고에 넣어둔다.

손으로 소면을 쥐어 500원짜리
동전 크기 정도로 잡으면
보통 1인분 분량이다.
3

냄비에 물 3컵을 붓고 불에 올려 팔팔 끓인 후, 소면을 넣는다.

4

면을 젓가락으로 저어가며 끓이다가 물이 한 번 끓어오르면 찬물 $\frac{1}{2}$컵을 붓고 젓가락으로 저으며 계속 끓인다.

5

물이 두 번째로 끓어오르면 찬물 $\frac{1}{2}$컵을 한 번 더 붓고 젓가락으로 저으며 계속 끓인다.

6

물이 세 번째로 끓어오르면 불을 끄고 체로 면을 건져, 찬물에 빨듯이 면을 헹군 후 체에 받쳐 물기를 뺀다.

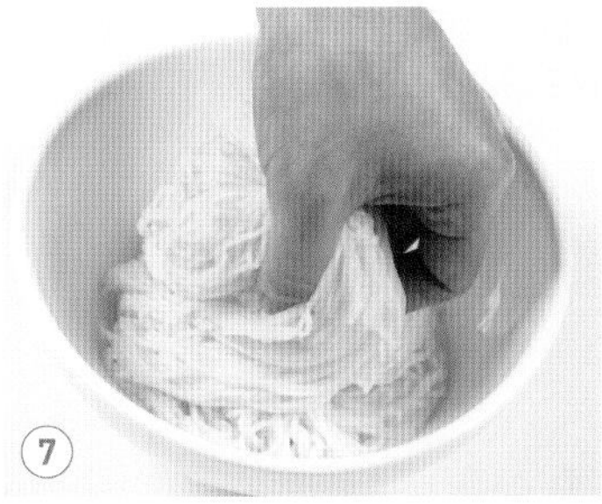
7

물기를 짠 면을 엄지와 검지로 들어 올려 늘어뜨린 후 한 바퀴 돌려서 그릇에 면을 담는다.

기호에 따라 방울토마토나
깨소금, 채 썬 오이 등을
고명으로 얹어도 좋다.
8

차게 해둔 콩물을 면이 충분히 잠기도록 부어서 완성한다.

국수 · 우동류

파기름볶음면

튀기듯이
바싹 구운
쪽파가
포인트!

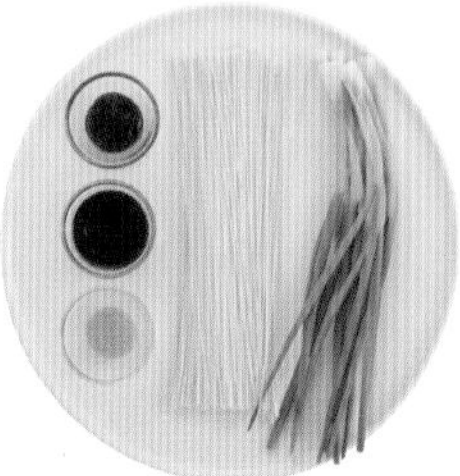

재료

☑건소면 100g
□쪽파 1컵(30g)
□굴소스 1큰술
□진간장 2큰술
□황설탕 $\frac{1}{4}$큰술
□식용유 3큰술
□물 4컵(720ml)

쪽파는 5cm 길이로 썬다.

손으로 소면을 쥐어 500원짜리
동전 크기 정도로 잡으면
보통 1인분 분량이다.

냄비에 물 3컵을 붓고 불에 올려 팔팔 끓인 후, 소면을 넣는다.

면을 젓가락으로 저어가며 끓이다가 물이 한 번 끓어오르면 찬물 $\frac{1}{2}$컵을 붓고 젓가락으로 저으며 계속 끓인다.

물이 두 번째로 끓어오르면 찬물 $\frac{1}{2}$컵을 한 번 더 붓고 젓가락으로 저으며 계속 끓인다.

물이 세 번째로 끓어오르면 불을 끄고 체로 면을 건져, 찬물에 빨듯이 면을 헹군 후 체에 밭쳐 물기를 뺀다.

이때 쪽파를
노릇하게 볶아야
식감이 좋다.

넓은 팬을 불에 올려 식용유와 쪽파를 넣고, 쪽파의 수분이 날아가고 노릇노릇해지며 타기 직전까지 바싹 볶는다.

노두유가 있으면 진간장
대신 넣어도 좋다.

굴소스, 황설탕, 진간장을 넣고 섞으며 볶는다.

물기 뺀 면을 팬에 넣고 젓가락으로 면을 풀어주며 파기름과 잘 섞이도록 볶는다.

그릇에 면을 옮겨 담고 잘 볶아진 쪽파를 올려서 완성한다.

국수 · 우동류

냉우동

미역과 함께 시원하고
오동통한 면발을 즐기는
여름 별미!

재료

☑ 우동면 1개(190g)
□ 액상스프 1개
□ 절단 미역 $\frac{1}{2}$큰술
□ 쪽파 1대(10g)
□ 황설탕 $\frac{1}{2}$큰술
□ 양조식초 1큰술
□ 각얼음 1컵(4알)
□ 물 3컵(540ml)
(우동 데침용 2컵, 국물용 1컵)

절단 미역은 미지근한 물에 담가 15분 정도 불린 후 물에 헹구고 물기를 꼭 짜서 준비한다.

쪽파는 0.3cm 두께로 송송 썬다.

냄비에 물 2컵을 붓고 불에 올려 팔팔 끓인 후, 우동면을 넣는다.

젓가락으로 면을 살살 풀어주며 살짝 데친 후, 불을 끄고 면을 체로 건져 그대로 얼음물에 담가 식힌다.

그릇에 액상스프를 넣은 후 물 1컵을 넣는다.

황설탕, 양조식초를 넣고 잘 섞어 육수를 만든다.

육수에 각얼음을 넣고, 식혀둔 우동면을 넣는다.

불린 미역을 가위로 잘게 잘라 면 위에 올린다.

고명으로 쪽파를 올려서 완성한다.

국수 · 우동류

참깨비빔우동

고기와 참깨소스를
더해 손님 초대용
메뉴로도 손색없는
비빔우동!

재료

☑ 돼지고기(불고기용) 1장(20g)
□ 우동면 1개(190g)
□ 액상스프 1개
□ 쪽파 1큰술(4g)
□ 청오이 $\frac{1}{10}$개(22g)
□ 황설탕 1큰술
□ 양조식초 1큰술
□ 맛술 1큰술
□ 통깨 2큰술
□ 물 4컵(720ml) + 2큰술
(우동 데침용 2컵, 고기 데침용 2컵, 비빔소스용 2큰술)

쪽파는 0.3cm 두께로 송송 썰고, 청오이는 두께 0.3cm, 길이 4cm로 채 썬다.

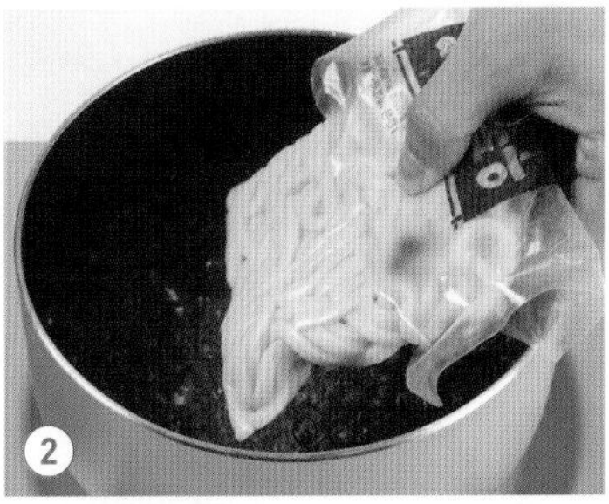

냄비에 물 2컵을 붓고 불에 올려 팔팔 끓인 후, 우동면을 넣는다.

젓가락으로 면을 살살 풀어주며 살짝 데친 후, 불을 끄고 면을 체로 건져 그대로 얼음물에 담가 식힌다.

맛술이 돼지고기 잡냄새를 잡아준다.

다시 냄비에 물 2컵을 붓고 맛술을 넣어 불에 올린 후, 물이 팔팔 끓으면 돼지고기를 넣고 고기가 하얗게 익을 때까지 삶는다.

익은 돼지고기를 헹구면 쫄깃한 식감도 살리고 불순물도 제거된다.

돼지고기가 익으면 불을 끄고, 고기를 건져서 찬물에 담가 충분히 헹군 다음 얼음물에 식혀둔다.

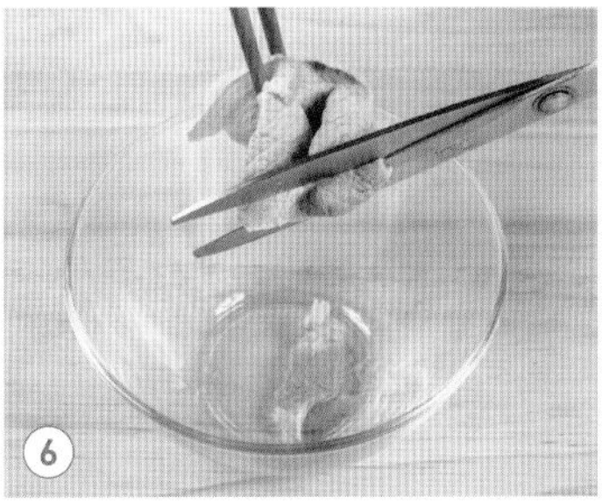

돼지고기를 얼음물에서 건져 가위로 잘게 자른다.

믹서에 액상스프, 황설탕, 양조식초, 통깨, 물 2큰술을 넣고 깨가 가루가 될 때까지 갈아 참깨소스를 만든다.

그릇에 우동면을 담고 면 위에 준비해둔 청오이와 돼지고기를 올린다.

참깨소스를 붓고 고명으로 쪽파를 올려서 완성한다.

국수 · 우동류

카레우동

카레와 우유만 있으면
5분 만에 만들 수 있는
초간단 이색 우동 메뉴!

재료

☑ 사리용 우동면 1개(200g)
☐ 카레가루 3큰술(24g)
☐ 우유 2컵(360ml)

팬에 우유를 붓고 불에 올린다.

우유가 끓기 시작하면 카레가루를 넣고, 가루가 뭉치지 않도록 주걱으로 잘 저어준다.

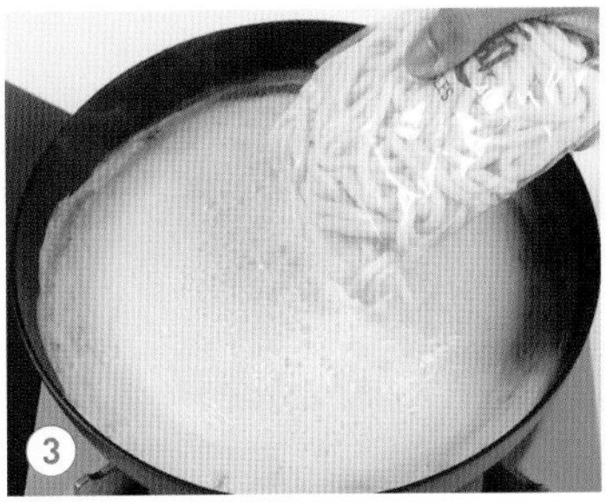

우유가 팔팔 끓어오르면 우동면을 넣는다.

젓가락으로 면을 살살 풀어주며 끓인다.

농도가 걸쭉해지면 불을 끄고 그릇에 옮겨 담는다.

고명으로 쪽파를 송송 썰어 넣거나, 매콤한 맛을 원한다면 청양고추를 송송 썰어 넣어도 좋다.

국수 · 우동류

우볶이

떡이 아닌 우동면을 넣어
색다르게 즐길 수 있는
매콤달콤 우볶이!

재료

- ☑사리용 우동면 1개(200g)
- □원형 어묵 1개(55g)
- □대파 $\frac{1}{2}$대(50g)
- □쪽파 $\frac{1}{2}$큰술(2g)
- □양배추 $\frac{1}{2}$컵(30g)
- □고추장 1큰술
- □굵은 고춧가루 1큰술
- □진간장 3큰술
- □황설탕 2큰술
- □물 2컵(360ml)

원형 어묵은 먹기 좋은 크기로 썰고, 양배추는 1x1cm 크기로 썬다. 쪽파는 0.3cm 두께로 송송 썰고, 대파는 0.5cm 두께로 송송 썬다.

깊은 팬에 황설탕, 고추장, 굵은 고춧가루, 진간장, 물을 넣고 잘 풀어준 뒤 불에 올린다.

원형 어묵, 양배추, 대파를 넣고 저어가며 끓인다.

국물이 끓어오르면 우동면을 넣는다.

젓가락으로 면을 살살 풀어주며 끓인다.

면이 풀어지면 불을 끄고 그릇에 옮겨 담는다.

고명으로 쪽파를 올려서 완성한다.

우볶이 양념은 국물떡볶이, 라볶이의 베이스로 사용할 수 있다. 어묵이 없을 경우 햄이나 소시지 등으로 대체해도 좋다.

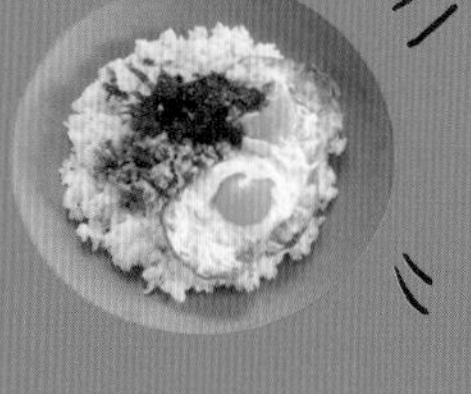

혼밥족을 위한 만능양념 02

동남아식매운소스

혼밥족에게 꼭 필요한 비상 식료품이 있듯이 소스도 비상용으로 몇 개 만들어두면 간단하면서도 든든하게 한 끼를 해결할 수 있다. 동남아식매운소스는 동남아시아 일부 지역에서 즐겨 먹는 삼발소스와 비슷한 맛으로, 감칠맛 나는 매운맛이다. 매일 먹는 음식이 살짝 질릴 때 한 숟갈 듬뿍 올려서 쓱쓱 비벼 먹으면 전문식당에서 먹는 것 못지않게 맛있고, 빵이나 과자에 곁들여도 훌륭한 간식이 된다. 평범한 재료로 만들어 이국적인 맛을 느낄 수 있는 동남아식매운소스를 만들어보자.

동남아식매운소스

풍미 가득,
입맛을 돋우는
이국적인 매운맛의
일등 공신!

재료

☑ 건새우 1컵(30g)
□ 청양고추 10개(100g)
□ 대파 $\frac{1}{2}$컵(30g)
□ 간 마늘 1큰술
□ 황설탕 $\frac{1}{3}$큰술
□ 꽃소금 1큰술
□ 식용유 $\frac{1}{2}$컵(90ml)

대파 없으면
쪽파도 좋음!
1

청양고추는 꼭지를 떼고 길게 반으로 썰고, 대파는 반 갈라 0.3cm 두께로 송송 썬다.

2

넓은 팬을 불에 올려 식용유를 붓고 건새우를 넣는다.

기호에 따라
설탕은 넣지 않아도 된다.
3

대파, 간 마늘, 꽃소금, 황설탕을 넣는다.

4

재료들을 섞으며 약불에서 튀기듯이 볶는다.

건새우가 바삭하게 보일 정도로 튀겨지면 청양고추를 넣는다.

이때 너무 오래 볶으면
매운맛이 날아가므로 주의한다.

모든 재료들이 노릇노릇해질 때까지 튀기듯이 볶는다.

불을 끄고 그릇에 옮겨 담아 넓게 펴서 식힌다.

식용유가 섞여 있어 잘 안 갈릴 수
있으니 재료 상태를 확인해가며
갈아준다.

재료가 충분히 식으면 믹서에 넣고, 청양고추가 거칠게 느껴질 정도로 갈아서 동남아식매운소스를 완성한다.

밀폐 용기에 옮겨 담아 뚜껑을 닫고 냉장고에 보관한다.

tip

재료에 홍고추를 섞어서 갈면 색감이 더 좋아진다.
동남아식매운소스는 한국식매운소스와 마찬가지로 가급적 빨리 먹는 것이 좋다. 하지만 밀폐 용기에 담아 냉장 보관한다면 최대 1주일 정도 두고 먹을 수 있다.

동남아식매운소스 이렇게도 활용해보자

동남아식매운소스는 한국식매운소스와 또 다른 풍미의 매운맛이다. 새우향이 향긋하게 올라와 고소하면서도 이국적인 맛을 낸다. 다음에 소개되는 라면파스타, 매콤달걀밥 이외에도 볶음밥, 카나페, 짜장라면 등에도 활용할 수 있다. 동남아식매운소스를 여러 메뉴에 다양하게 활용해보자.

볶음밥

집에 재료가 많지 않을 때 동남아식매운소스 한 숟갈만 넣어도, 동남아 스타일의 특별한 볶음밥이 된다. 밥에 새우향을 더한 고소한 볶음밥을 즐겨보자.

카나페

모든 크래커에 활용 가능하다. 좋아하는 과일이나 채소에 동남아식매운소스만 살짝 더하면 매콤새콤 훌륭한 안주로 재탄생된다.

짜장라면

늘 먹던 짜장라면에 변화를 주고 싶을 때, 느끼하지 않은 매콤한 짜장라면을 먹고 싶을 때, 동남아식매운소스를 살짝 추가해보자. 없던 입맛도 돌아오게 한다. 과식에 주의!

동남아식매운소스 활용메뉴1

라면파스타

라면 요리인데
라면 스프를 넣지 않고도
기가 막힌 맛을 내는
라면파스타!

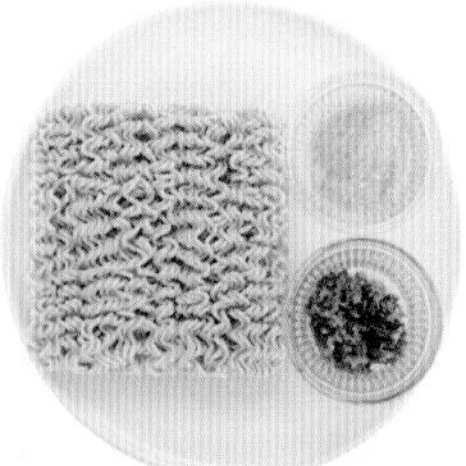

재료

☑ 사리용 라면 1개
☐ 동남아식매운소스 1큰술(20g)
☐ 파마산치즈가루 1큰술
☐ 물 2컵(360ml)

냄비에 물을 붓고 불에 올린 후, 물이 팔팔 끓어오르면 면을 넣는다.

집게를 이용해 면을 풀어주고, 면을 들어 올려가며 끓인다.

면이 익으면 불을 끄고 체에 받쳐 물기를 뺀다.

그릇에 물기를 뺀 면을 옮겨 담는다.

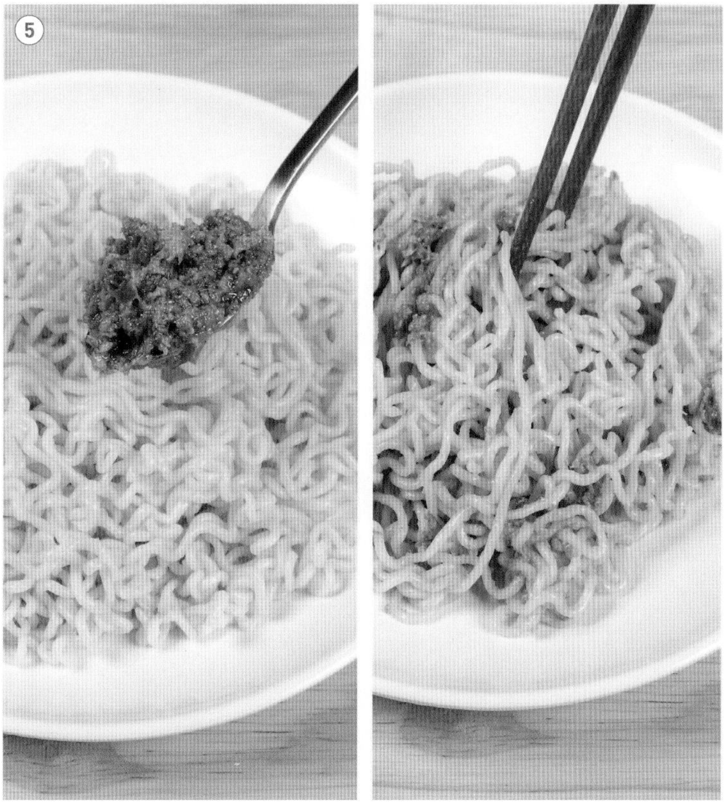

동남아식매운소스를 넣은 후, 면에 소스가 잘 배도록 젓가락으로 섞는다.

면 위에 파마산치즈가루를 뿌려서 완성한다.

동남아식매운소스 활용메뉴 2

매콤달걀밥

반찬 필요 없이
간단하면서 든든하게
한 끼 해결!

재료

☑ 달걀 2개
□ 동남아식매운소스 1큰술(20g)
□ 밥 1공기(200g)
□ 조미김가루 $\frac{1}{3}$컵
□ 식용유 $\frac{1}{3}$컵(60ml)

밥은 그릇에 펼쳐 담는다.

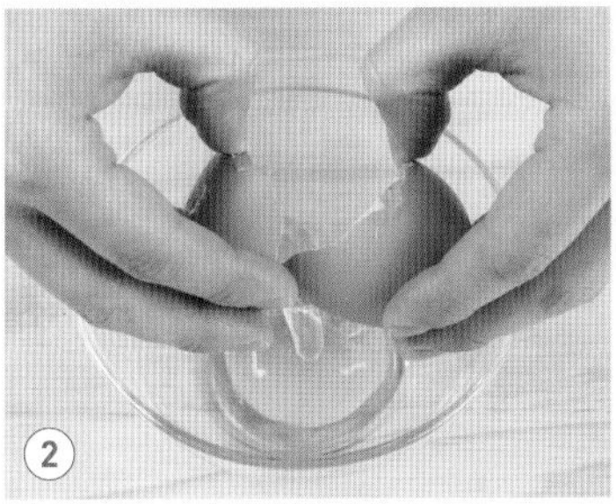

작은 볼에 달걀을 깨둔다.

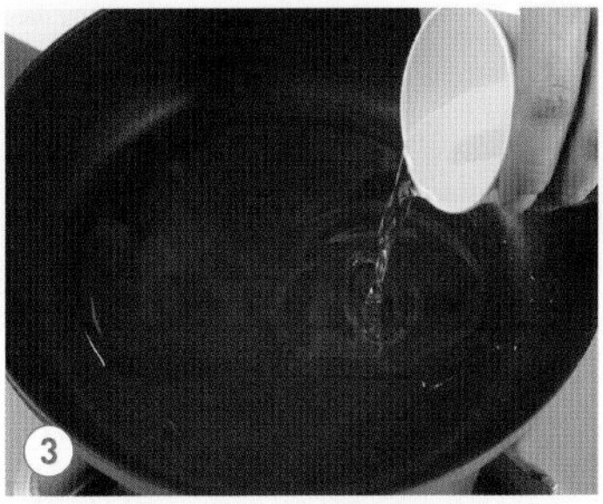

팬을 불에 올려 달군 후 식용유를 붓는다.

팬을 약간 기울여 식용유가 고인 쪽에 깨둔 달걀을 넣는다.

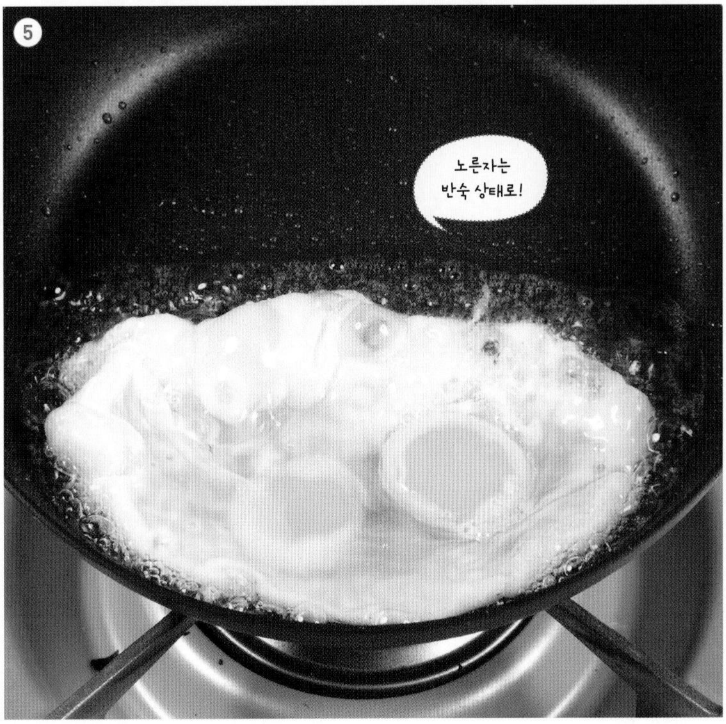

강불에서 튀기듯이 달걀프라이를 만든다.

반숙 상태로 튀겨진 달걀프라이를 밥 위에 올린다.

달걀프라이 위에 동남아식매운소스를 올린다.

조미김가루를 올려서 완성한다.

먹을 때 달걀프라이의 반숙 노른자를 터뜨려, 밥, 동남아식매운소스, 김가루와 함께 비벼서 먹으면 된다.

02

혼밥
메뉴

혼자서도 우아하게, 알뜰한 빵 요리

간단하게 배를 채울 수 있는 빵은 혼밥족이 라면만큼 즐겨 찾는 먹거리다.
하지만 식빵 한 봉지를 사놓으면 혼자 다 먹기가 힘들고, 다양한 맛이 추가된 빵들은 매번 사 먹기가 부담스럽다.
이제는 집에서도 맛있는 빵을 만들어 먹을 수 있다. 오븐이 없어도 된다.
식빵을 이용한 우아한 브런치 메뉴부터 냉동실 속에 꽁꽁 얼려둔 남은 빵을 활용한 디저트, 식사 대용으로 먹을 수 있는 메뉴까지
놓치면 후회할 백종원표 빵 요리 베스트 8가지를 소개한다.

칼로리폭탄토스트

'맛있으면 0칼로리'라는
주문을 걸어서라도
꼭 먹고 싶은 땅콩버터 토스트!

재료

☑ 식빵 2장(60g)
☐ 바나나 $\frac{1}{2}$개(55g)
☐ 화이트초콜릿 2큰술(18g)
☐ 모차렐라치즈 약 $\frac{1}{3}$컵(33g)
☐ 땅콩버터 2큰술(40g)
☐ 버터 8g

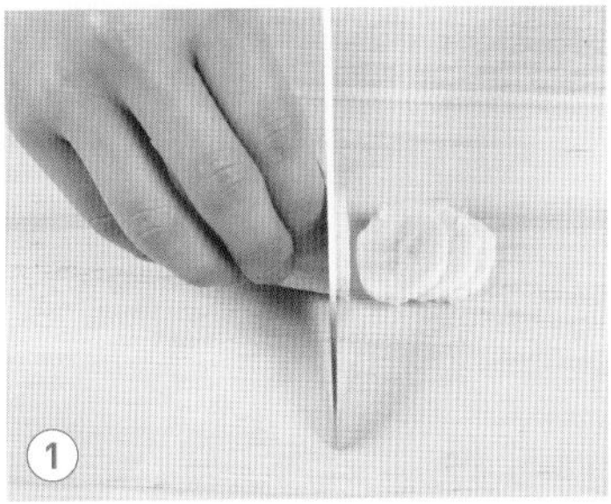

바나나는 껍질을 벗겨 0.3cm 두께로 썬다.

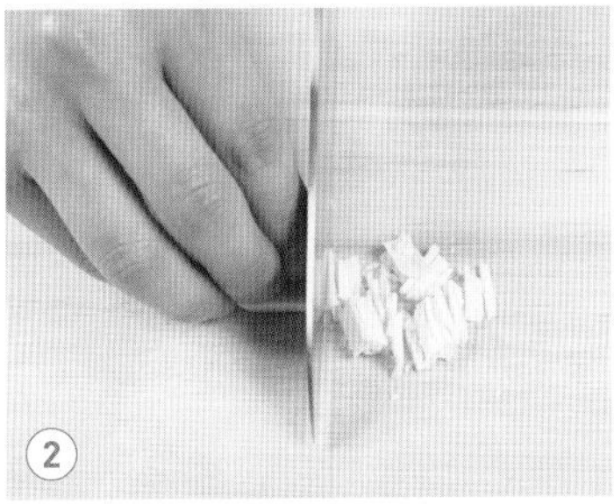

화이트초콜릿은 칼로 얇게 썬다.

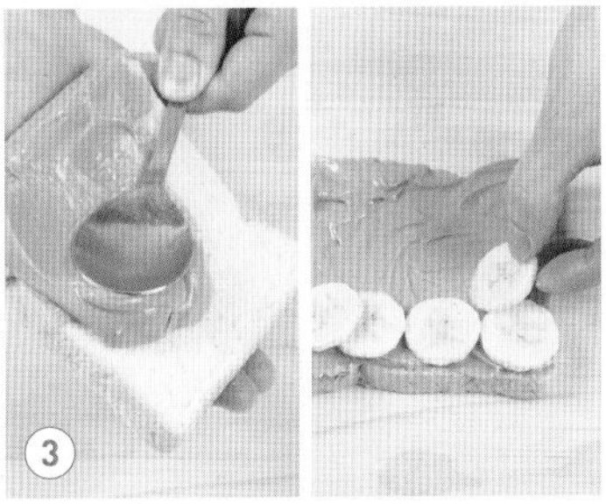

빵의 한 면에 땅콩버터를 골고루 바른 다음 그 위에 바나나를 꽉 차게 올린다.

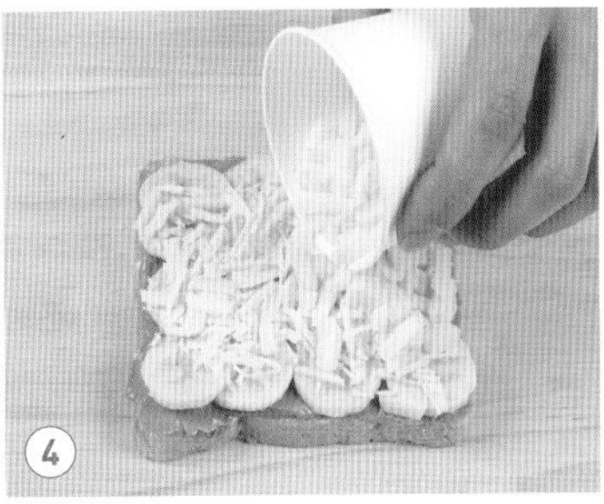

바나나 위에 화이트초콜릿을 올리고, 그 위에 모차렐라치즈를 골고루 뿌린다.

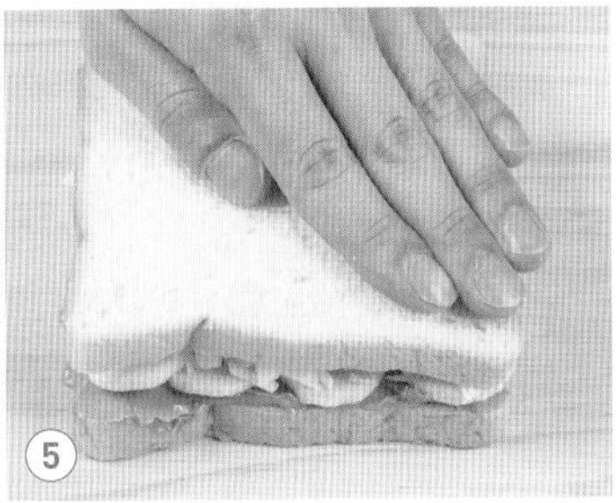

다른 빵 한 장을 덮는다.

이때 불을 세게 하면 초콜릿이나
모차렐라치즈가 녹기 전에 빵이
타게 되므로 주의한다.

팬을 약불에 올리고 달궈지면 버터를 올려 넓게 문지르며 녹인다.

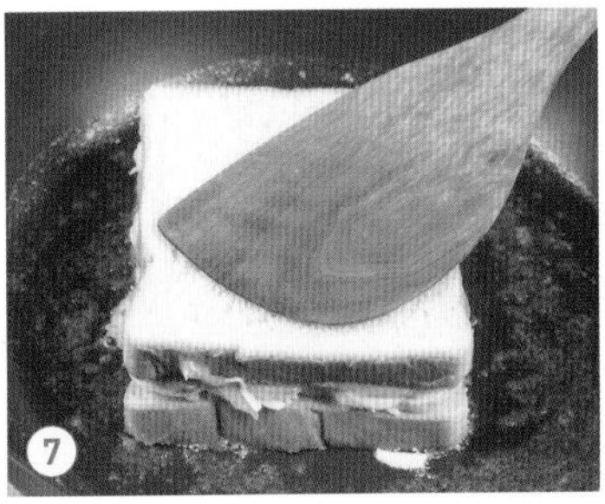

버터가 녹으면 빵을 넣고 뒤집개로 눌러주며 굽는다.

뒤집개로 빵을 앞뒤로 뒤집어가며 초콜릿과 모차렐라치즈가 서서히 녹아 빵이 가라앉을 때까지 굽는다.

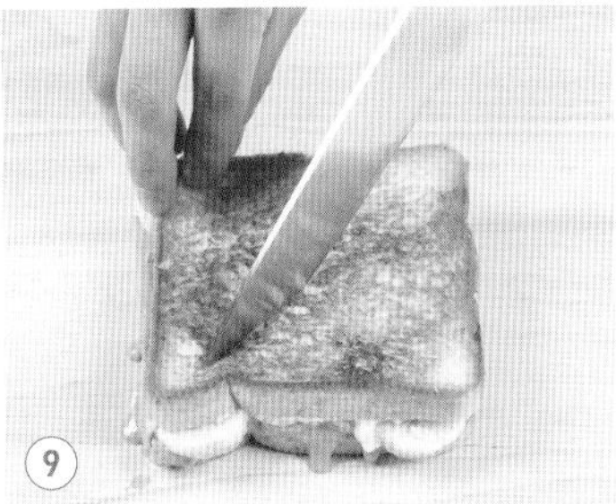

불을 끄고 토스트를 먹기 좋게 칼로 잘라 그릇에 담아서 완성한다.

홍콩식프렌치토스트

겉은 바삭하고
속은 촉촉한
프렌치토스트로
주말 브런치를
즐겨보자.

재료

☑ 식빵 2장(60g)
☐ 달걀 2개
☐ 버터 16g
☐ 연유 또는 황설탕 기호에 따라
☐ 꽃소금 2꼬집
☐ 식용유 $\frac{1}{5}$컵(36ml)

작은 볼에 달걀을 넣고 꽃소금을 넣는다.

달걀을 숟가락으로 잘 저어 달걀물을 만든다.

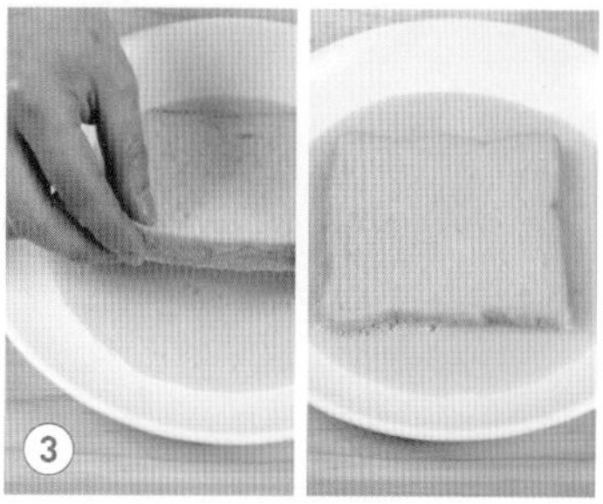

넓은 그릇에 달걀물을 옮겨 담고 빵을 담가 빵의 앞뒷면을 충분히 적신다.

넓은 팬을 불에 올리고 식용유를 부은 다음 달군다.

젓가락으로 달걀물이 배어든 빵을 팬에 넣는다.

이때 빵이 쉽게
탈 수 있으므로
타지 않도록 주의!

젓가락과 뒤집개를 이용해 빵의 앞뒷면을 뒤집어가며 튀기듯이 익힌다.

불을 끄고 잘 익은 토스트를 그릇에 옮긴 다음 토스트 가운데에 버터를 올린다.

연유 대신 황설탕을 뿌려도 되고,
바닐라 아이스크림을
올려 먹어도 맛있다.

토스트 위에 연유를 뿌려서 완성한다.

빵푸딩

입안에서
사르르 녹아내리는
푹신푹신 빵푸딩.

재료

- ☑스틱형 빵 1개(20g) 또는 식빵 1장(30g)
- □바닐라 아이스크림 1컵(100g)
- □달걀 1개
- □황설탕 1큰술

1 바닐라 아이스크림은 컵에 퍼서 실온에 잠깐 두어 녹인다.

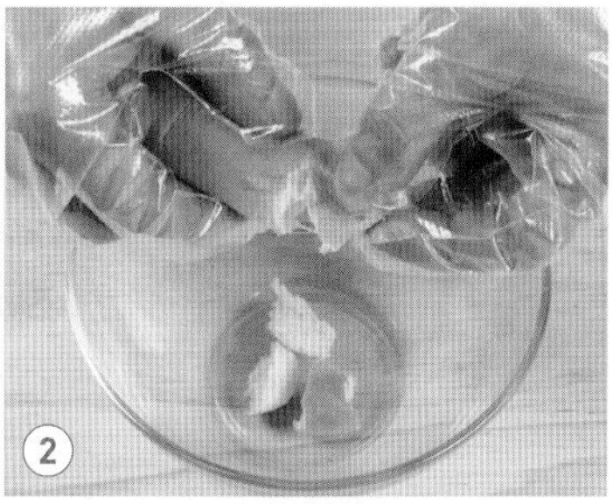

2 빵은 볼에 잘게 뜯어 놓는다.

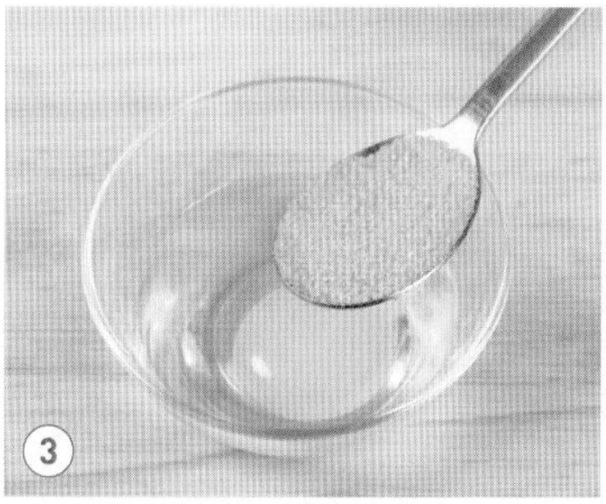

3 작은 볼에 달걀, 황설탕을 넣고 숟가락으로 잘 저어 달걀물을 만든다.

4 새로운 볼에 달걀물, 아이스크림, 빵을 넣는다.

5 빵과 달걀물, 아이스크림이 잘 섞이도록 골고루 저어 푸딩 반죽을 만든다.

6 오븐용 또는 전자레인지용 그릇에 푸딩 반죽을 붓는다.

전자레인지 기종에 따라
시간은 조절한다.

7 전자레인지에 넣고 3~4분간(700w 기준) 돌린다.

뜨거우니 주의!

8 전자레인지에서 그릇을 꺼내서 완성한다.

tip

빵푸딩은 단팥빵, 크림빵 등 모든 빵을 활용하여 만들 수 있다.

커스터드달걀빵

오븐이 없어도 집에서
빵을 만들어
먹을 수 있다.

재료

☑ 달걀 4개
☐ 버터 18g(6g씩 3조각)
☐ 황설탕 2큰술
☐ 꽃소금 $\frac{1}{4}$큰술
☐ 메이플시럽 2큰술
☐ 식용유 1$\frac{1}{2}$큰술

믹서에 달걀을 넣은 후 황설탕, 꽃소금을 넣는다.

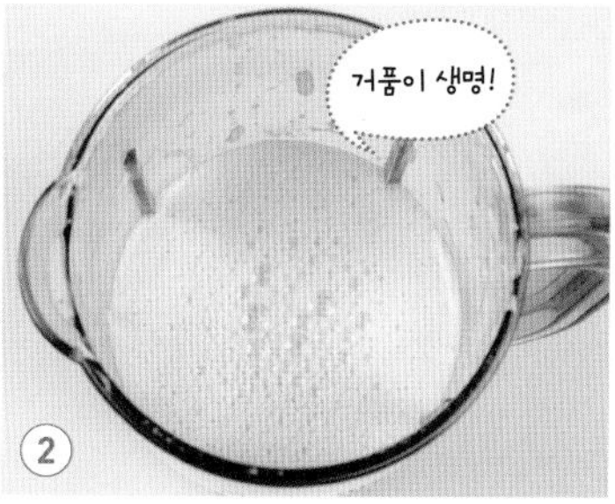
거품이 생명!

믹서를 작동시켜 거품이 생길 때까지 간다.

넓은 팬을 불에 올려 식용유를 두르고 달군 후 달걀물을 붓는다.

뚜껑을 닫은 후 약불에서 2분 정도 익힌다.

반죽과 팬 사이로
밀어 넣기!

달걀물이 흘러내리지 않을 정도로 밑면이 익으면, 세 군데로 나눠서 뒤집개로 살짝 들어 올려 각각 버터를 6g씩 넣는다.

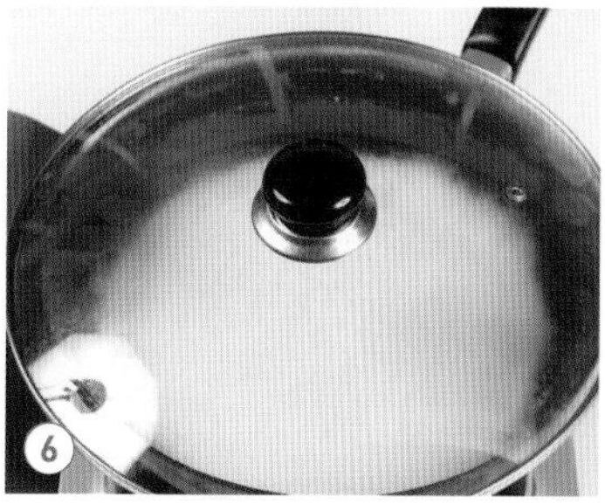

다시 뚜껑을 닫고 2분 정도 익힌 다음 불을 끄고 30초 정도 뜸을 들인 후 뚜껑을 연다.

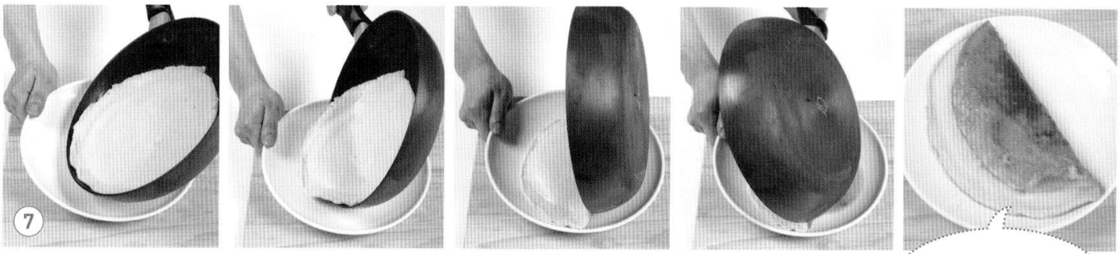

넓은 그릇을 팬에 받치고, 빵이 그릇에 뒤집히게 담아 반으로 접으며 그릇에 옮겨 담는다.

이때 아랫면이 조금 더 크고 윗면이 작게 올라오도록 접는다.

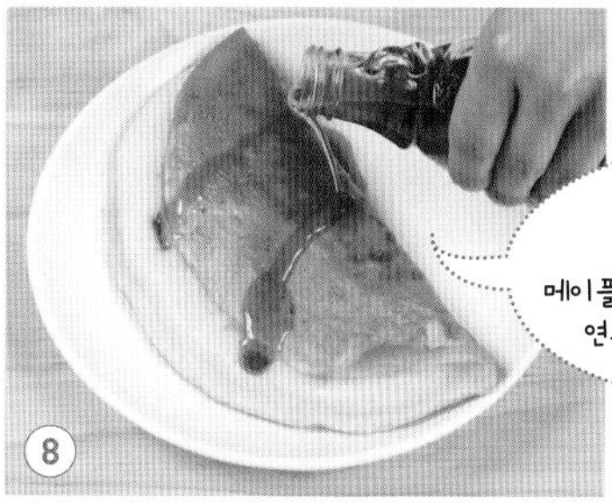
메이플시럽의 양은
기호에 따라 조절!
메이플시럽이 없다면 황설탕이나
연유, 잼을 곁들여도 좋다.

빵 위에 메이플시럽을 뿌려서 완성한다.

반죽 밑에
살짝 밀어 넣는
버터의 부드럽고
풍부한 맛!

노오븐컵빵

냉장고 속 재료들이
베이커리에서 갓 구워낸 듯한
빵으로 재탄생!

재료

- ☑ 식빵 2장분의 가장자리(34g)
- □ 달걀 1개
- □ 양파 약 $\frac{1}{4}$개(62g)
- □ 통조림 옥수수 $\frac{2}{3}$큰술(16g)
- □ 마요네즈 1$\frac{1}{2}$큰술
- □ 버터 3g
- □ 모차렐라치즈 1큰술(12g)
- □ 황설탕 $\frac{1}{2}$큰술
- □ 꽃소금 1꼬집

도구

- □ 종이컵 2개

빵은 손으로 잘게 찢는다.

양파는 잘게 다진다.

작은 볼에 달걀을 넣고 숟가락으로 잘 저어 달걀물을 만든다.

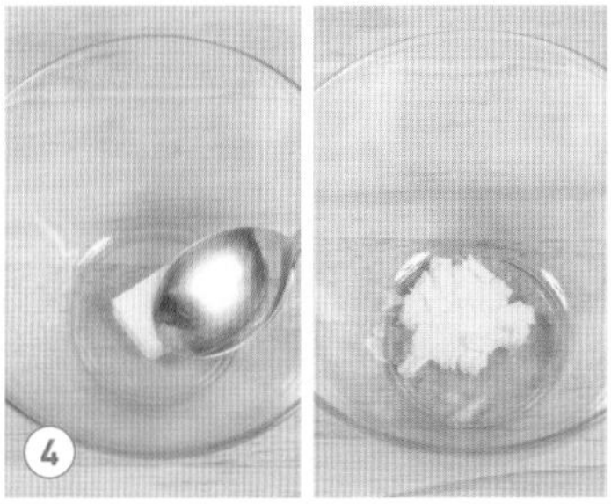

다른 볼에 버터를 넣고 실온에서 녹인 다음 숟가락으로 으깬다.

버터 위에 양파, 통조림 옥수수, 꽃소금, 황설탕, 마요네즈, 모차렐라치즈를 넣고 충분히 섞는다.

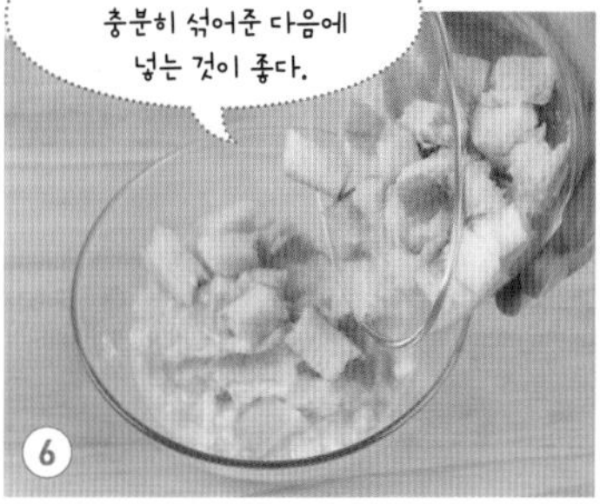

달걀물은 다른 재료들을 충분히 섞어준 다음에 넣는 것이 좋다.

만들어둔 달걀물을 넣고, 재료와 잘 섞은 다음 빵을 넣는다.

반죽의 양은 빵이 촉촉하게 적셔질 정도. 반죽이 약간 질퍽해질 때까지 버무려야 한다.

숟가락을 이용해 재료를 버무린다.

전자레인지 기종에 따라 시간은 조절한다. 종이컵도 오래 돌리면 탈 수 있으니 주의할 것! 오븐 겸용 제품에서는 사용하지 않는 것이 좋다.
컵 수가 많아지면 시간도 늘린다.

종이컵에 빵 반죽을 눌러가며 컵의 $\frac{2}{3}$ 정도로 채운 다음 전자레인지에 넣고 3분~3분 30초(700w/2컵 기준) 정도 돌린다.

컵빵을 전자레인지에서 꺼내, 넓은 그릇에 컵을 뒤집어 빵을 담아서 완성한다.

설탕빠다빵

고소한 버터에
설탕을 더한 추억의 맛!

재료

☑ 식빵 2장(60g)
☐ 버터 40g
☐ 황설탕 1큰술

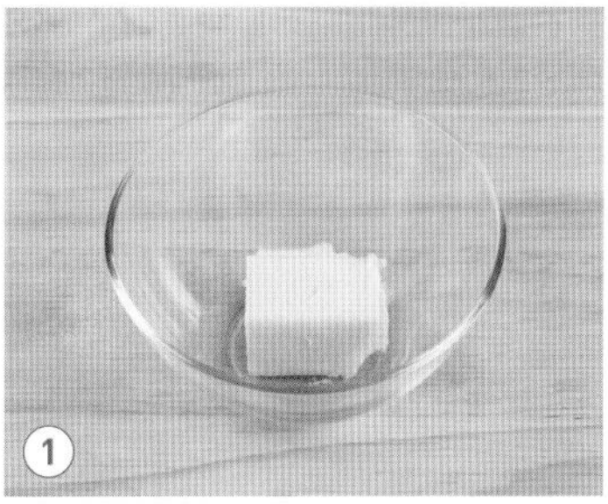

버터는 볼에 넣어 잘 으깨질 정도가 될 때까지 실온에서 녹인다.

숟가락을 이용해 버터를 으깬다.

설탕가루가 사각사각 씹혀야 제맛!
설탕을 녹이려고 하지 말 것.

버터에 황설탕을 넣고 잘 섞는다.

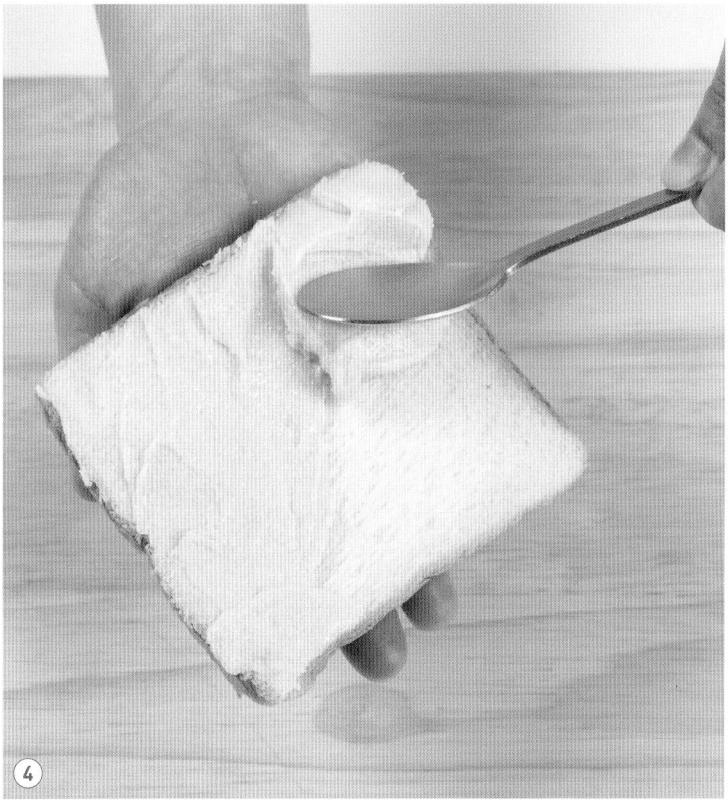

빵의 한쪽 면에 설탕버터를 골고루 펴서 바른다.

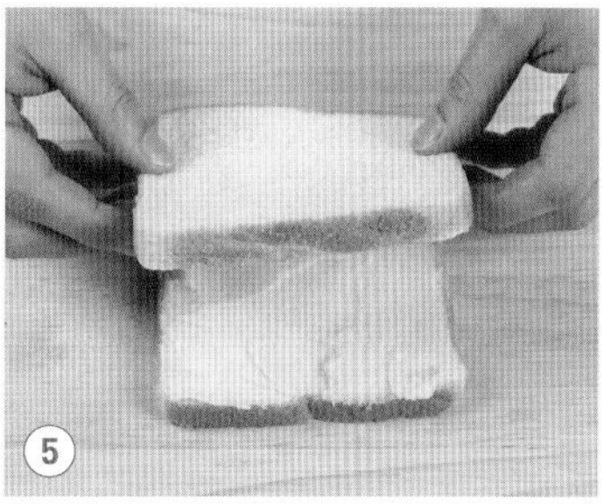

그 위에 다른 빵 한 장을 덮는다.

냉장고에 넣었다
먹으면 버터가 굳어져
식감이 더 좋다.

칼로 4등분해서 완성한다.

한입 베어 물면 달콤함이 입안 가득!

햄멜트토스트

브런치 카페에서
먹던 멜트토스트를
집에서 해 먹자!

재료

☑ 식빵 2장(60g)
□ 슬라이스 햄 1장(10g)
□ 체다슬라이스치즈 2장(40g)
□ 모차렐라치즈 약 $\frac{1}{3}$컵(33g)
□ 버터 16g

치즈를 올리기 전에 빵에
마요네즈를 바르면
더욱 풍부한 맛을 낸다.
1

빵 위에 체다슬라이스치즈를 잘라서 빵의 여백이 보이지 않게 올린다.

2

체다슬라이스치즈 위에 슬라이스 햄을 올린다.

모차렐라치즈를
충분히,
넉넉히 올린다.
3

슬라이스 햄 위에 모차렐라치즈를 골고루 펴서 올린다.

4

모차렐라치즈 위에 다른 빵 한 장을 올려 덮는다.

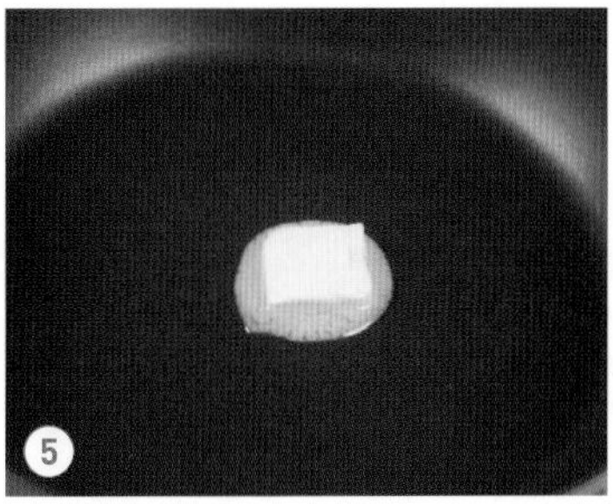
5

팬을 약불에 올리고 달궈지면 버터를 올려 넓게 문지르며 녹인다.

6

버터가 녹으면 토스트를 올리고 약불로 굽는다.

처음 뒤집을 때만 조심하면
모차렐라치즈가 녹으며 내용물끼리 붙어서
그다음 뒤집을 때부터는 쉬워진다.
뒤집개로 토스트를 눌러보면 내용물끼리
밀착된 것을 느낄 수 있다. 모차렐라치즈는
의외로 잘 녹지 않으므로 약불에서 여러 번
뒤집어가며 구워야 한다.
7

뒤집개로 토스트를 눌러주며 모차렐라치즈가 녹을 때까지 앞뒤로 여러 번 뒤집어가며 굽는다.

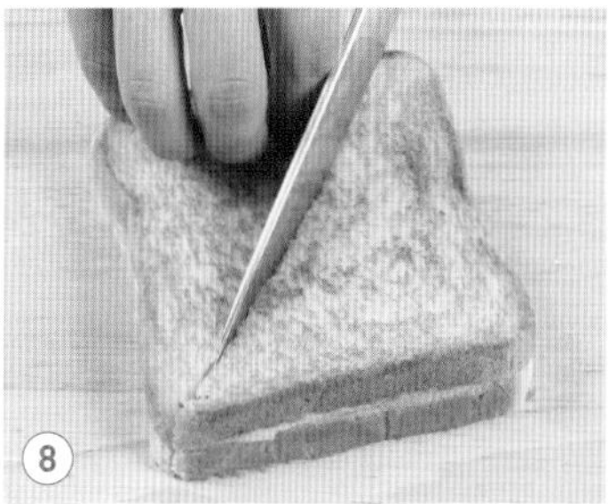
8

토스트의 가운데 부분이 살짝 가라앉을 때까지 구운 후 불을 끄고, 팬에서 토스트를 꺼내 칼로 잘라서 완성한다.

베이컨식빵말이

짭짤한 베이컨 안에 든
부드러운 식빵과 노글노글한
치즈는 생각만 해도
군침이 돈다.

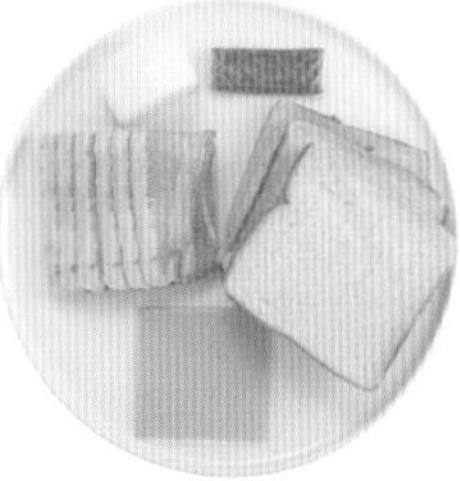

재료 (3개 분량)

- ☑ 식빵 3장(90g)
- □ 베이컨 6장(96g)
- □ 게맛살 1개(20g)
- □ 체다슬라이스치즈 1장(20g)
- □ 양파 약 $\frac{1}{4}$개(62g)
- □ 마요네즈 2큰술
  (소스용 1큰술, 접착용 1큰술)
- □ 황설탕 $\frac{1}{3}$큰술
- □ 꽃소금 $\frac{1}{3}$큰술
- □ 후춧가루 약간

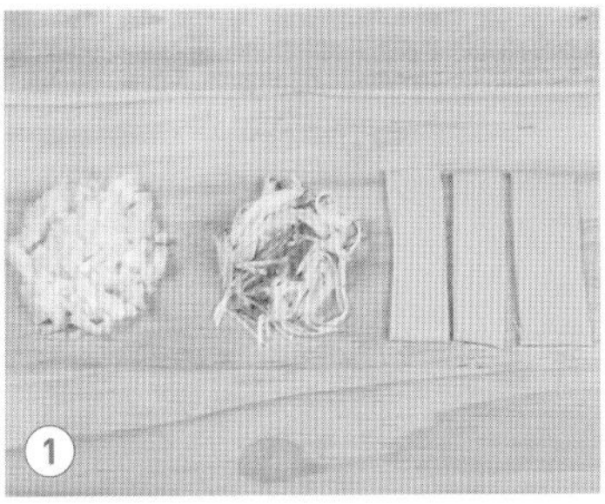
1

양파는 잘게 다지고, 게맛살은 손으로 잘게 찢고, 체다슬라이스치즈는 3등분한다.

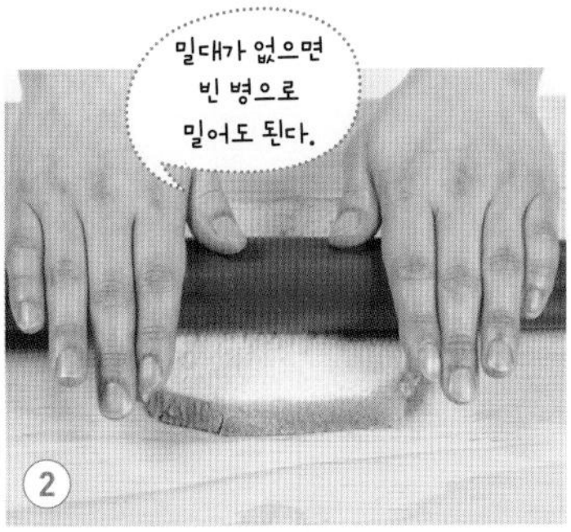
밀대가 없으면
빈 병으로
밀어도 된다.
2

도마 위에 빵을 올리고 밀대로 납작하게 민다.

3

볼에 양파, 황설탕, 꽃소금, 게맛살, 마요네즈, 후춧가루를 넣고 숟가락을 이용해 버무린다.

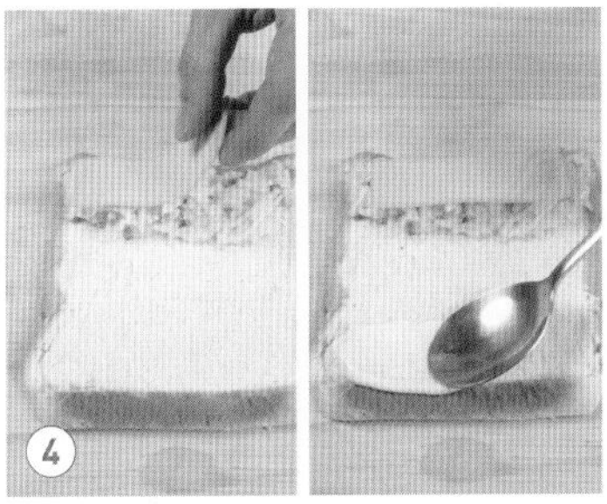
4

버무린 재료를 빵 한쪽 끝에 올리고 그 위에 체다슬라이스치즈를 올린 다음 다른 쪽 끝에 마요네즈를 바른다.

5

빵을 돌돌 말아주면서 빵 끝부분에 바른 마요네즈로 접착시킨다.

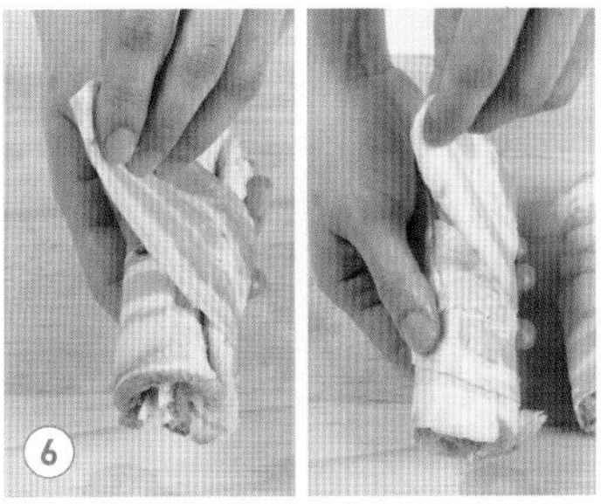
6

돌돌 말아 놓은 빵에 베이컨 2장을 연결하여 감싸듯이 만다.

이렇게 베이컨 끝부분을
먼저 구워주면 베이컨이
달라붙어서 접착된다.
7

팬을 불에 올려 달군 다음 빵에 감은 베이컨 끝부분이 팬 바닥에 닿도록 올려놓는다.

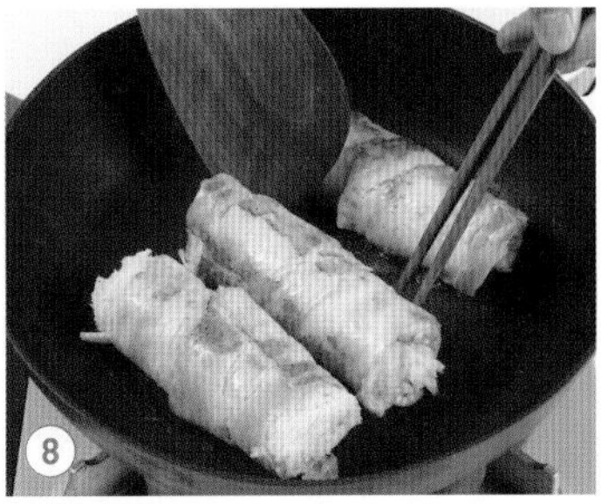
8

약불에서 살살 굴려가며 골고루 노릇노릇하게 굽는다.

tip

게맛살 이외에도 스모크햄을 스틱 모양으로 썰어서 넣고 만들어도 맛있다.

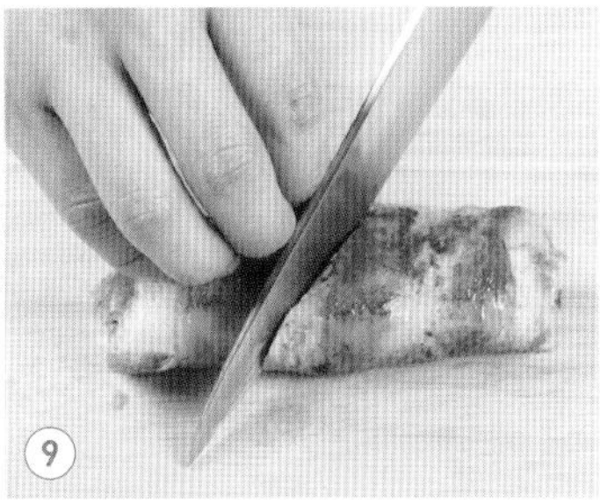
9

불을 끄고 팬에서 베이컨식빵말이를 꺼내 칼로 사선으로 잘라서 모양을 내 완성한다.

혼밥족을 위한 만능양념 03

볶음고추장소스

혼자 먹는다고 대충 때우기는 그만, 혼자서도 제대로 맛있게 먹어야 건강을 지킬 수 있다. 볶음고추장소스는 충분히 볶아진 고기에서 흘러나온 육즙과 채소에서 나온 수분이 양념과 어우러져 감칠맛을 낸다. 각종 밥 요리나 면 요리에 넣어 먹어도 맛있고 찌개나 볶음 등에 양념으로 사용해도 좋다. 볶음고추장소스를 만들 때 자연스럽게 생긴 고추기름은 각종 요리에 사용하면 사 먹는 음식 못지않은 풍성한 맛을 낸다. 혼밥족 식탁의 해결사 볶음고추장소스를 만들어보자.

볶음고추장소스

고기와 채소의
감칠맛이 어우러진
\\ 소스계의 팔방미인! //

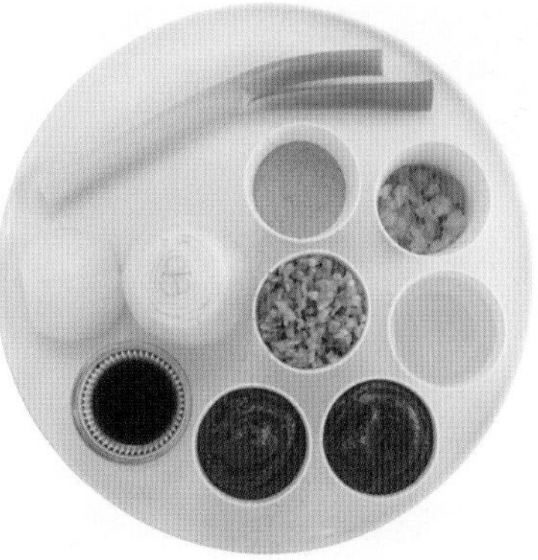

재료

☑고추장 2컵(468g)
□간 돼지고기 1컵(100g)
□대파 1컵(60g)
□양파 3컵(300g)
□간 마늘 약 $\frac{1}{3}$컵(56g)
□진간장 3큰술
□황설탕 $\frac{1}{2}$컵(70g)
□식용유 $\frac{3}{4}$컵(135ml)

양파는 잘게 다지고, 대파는 반 갈라 0.3cm 두께로 송송 썬다.

넓은 팬을 불에 올리고 식용유를 붓는다.

양파, 대파, 간 돼지고기, 간 마늘을 넣고 재료를 골고루 섞는다.

돼지고기가 뭉치지 않도록 풀어주며 볶는다.

기름이 생기기 시작하면 황설탕을 넣고 기름에 눌리듯이 저어가며 볶는다.

진간장을 팬 가장자리에 빙 둘러 넣은 후 다시 저어가며 볶는다.

고추장을 넣고 저어가며 잘 풀어준다.

약불로 10분 이상 저어가며 볶은 후 불을 끄고 식혀서 볶음고추장소스를 완성한다.

충분히 식으면 밀폐 용기에 담아 냉장고에 보관한다.

tip

고추장을 볶을 때 식용유를 많이 넣어야 볶음고추장소스를 오래 보관할 수 있고 맛도 깊어진다. 볶음고추장소스를 식히고 나면 위에 기름층이 생기는데, 이 층으로 인해 공기가 차단되어 밀폐효과가 생긴다. 그래서 비교적 보관 기간이 길다. 밀폐용기에 담아 냉장 보관한다면 최대 1달 정도 두고 먹을 수 있다.

볶음고추장소스 이렇게도 활용해보자

볶음고추장소스는 한국식매운소스, 동남아식매운소스에 비해 보관 기간이 길기 때문에 혼밥족에게는 더할 나위 없이 유용한 소스다. 계속 저어가며 볶아야 하기 때문에 어느 정도 인내심이 필요하지만, 한번 만들어두면 다양한 메뉴에 활용 가능하다. 다음에 소개되는 볶음고추장비빔면, 볶음고추장찌개 이외에도 라면, 열무보리비빔밥, 주먹밥 등 여러 메뉴에 넣어서 도전해보자.

라면

더욱 진한 라면 국물을 원한다면 볶음고추장소스를 추가해보자. 더 풍부한 맛의 라면을 즐길 수 있다.

열무보리비빔밥

별다른 반찬이 없을 때, 열무김치에 볶음고추장소스를 더해 비벼 먹으면 근사한 비빔밥이 된다. 볶음고추장소스의 고기와 열무의 아삭함이 어우러져 입맛을 돋운다. 물론 보리밥이 아니라도 상관없다.

주먹밥

밥에 볶음고추장소스를 넣고 비빈 후 모양을 만들어 김가루만 묻혀서 먹으면 뚝딱 주먹밥이 완성된다. 기호에 따라 마요네즈 등을 넣어 먹어도 좋다.

볶음고추장소스 활용메뉴 1

볶음고추장비빔면

한번 먹으면
계속 생각나는 마성의
볶음고추장비빔면.

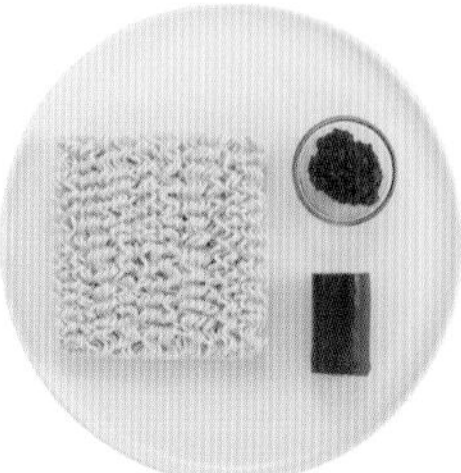

재료

☑ 사리용 라면 1개
☐ 청오이 $\frac{1}{5}$개(44g)
☐ 볶음고추장소스 1$\frac{1}{2}$큰술(33g)
☐ 참기름 $\frac{1}{2}$큰술
☐ 물 2컵(360ml)

청오이는 두께 0.3cm, 길이 4cm로 채 썬다.

냄비에 물을 붓고 불에 올린 후, 물이 팔팔 끓어오르면 면을 넣는다.

라면을 끓일 때,
자꾸 면을 들어 올려줘야
더 쫄깃하다.

집게를 이용해 면을 풀어주고, 면을 들어 올려가며 끓인다.

면이 익으면 불을 끄고 체로 건져서 재빨리 찬물에 헹군 다음 다시 체에 밭쳐 물기를 뺀다.

물기가 충분히 빠지면 면을 그릇에 담는다.

면 위에 볶음고추장소스를 올린다.

청오이를 올리고 참기름을 넣어서 완성한다.

쫄깃한 면발에
볶음고추장소스를 싹싹 비벼서
채 썬 오이와 함께 먹으면
어느새 빈 그릇만 남게 된다.

볶음고추장소스 활용메뉴 2

볶음고추장찌개

따뜻한 밥에
한 숟갈 푹 떠먹으면
없던 기운도
생기게하는 얼큰한
볶음고추장찌개.

재료

☑ 청양고추 1개(10g)
□ 홍고추 $\frac{1}{2}$개(5g)
□ 대파 $\frac{1}{2}$대(50g)
□ 느타리버섯 1컵(40g)
□ 양파 약 $\frac{1}{4}$개(62g)
□ 애호박 $\frac{1}{4}$개(80g)
□ 감자 $\frac{3}{4}$개(135g)
□ 간 마늘 $\frac{1}{2}$큰술
□ 볶음고추장소스 1$\frac{1}{2}$큰술(33g)
□ 볶음고추장소스 기름 2큰술
□ 국간장 1$\frac{1}{2}$큰술
□ 후춧가루 약간
□ 물 2컵(360ml)

대파는 두께 0.4cm, 길이 2cm로 어슷 썰고, 양파와 감자는 반 갈라 0.4cm 두께로 썬다. 느타리버섯은 밑동을 제거하고 손으로 잘게 찢고, 애호박은 4등분한 다음 0.4cm 두께로 썬다. 청양고추와 홍고추는 0.5cm 두께로 송송 썬다.

냄비에 감자, 애호박, 양파, 느타리버섯, 대파, 청양고추, 홍고추를 넣는다.

냄비에 물을 붓고 불에 올린다.

볶음고추장소스, 볶음고추장소스 기름을 넣는다.

국간장, 간 마늘, 후춧가루를 넣는다.

양념과 재료가 잘 어우러지도록 저어준 다음 강불에서 팔팔 끓인다.

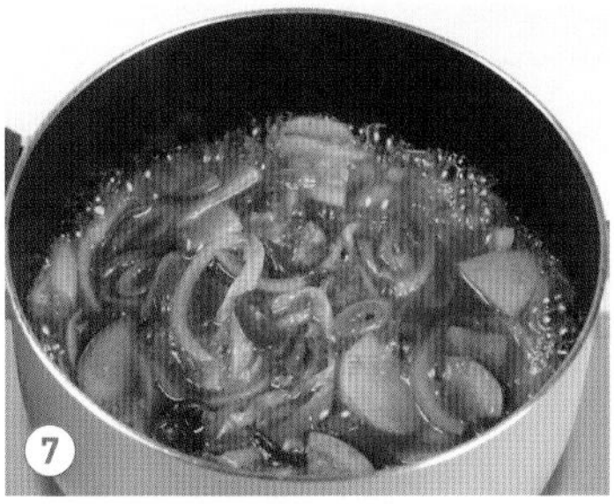

국물이 한 번 끓어오르면 간을 보고 부족하면 국간장을 넣어 간을 맞춘 다음, 채소가 익을 때까지 끓여서 완성한다.

03

혼밥
메뉴

함께 먹어 더 맛있는 요리

혼밥족이라고 꼭 밥을 혼자서만 먹는 건 아니다. 오히려 혼밥족이라면 집에 가족, 친구들이 갑자기 찾아왔을 때나
연인을 위해 솜씨 발휘를 해야 할 때 당황하지 않고 만들어낼 수 있는 비장의 메뉴가 있어야 한다.
국민 음식 떡볶이뿐만 아니라 남녀노소 누구나 부담 없이 즐길 수 있는 간식과
냉장고 속 재료로도 특별한 술자리를 만들어주는 유용한 안주 메뉴들을 배워보자.
쉽고 빠르게 만들어낼 수 있는 백종원표 메뉴 한두 가지씩 익혀두면,
손님을 대접할 때 요리 초보자도 고수의 기운을 풍길 수 있다.

기름떡볶이

먹음직스러운 양념을
조물조물 무쳐 기름에
지글지글 볶아낸
기름떡볶이.

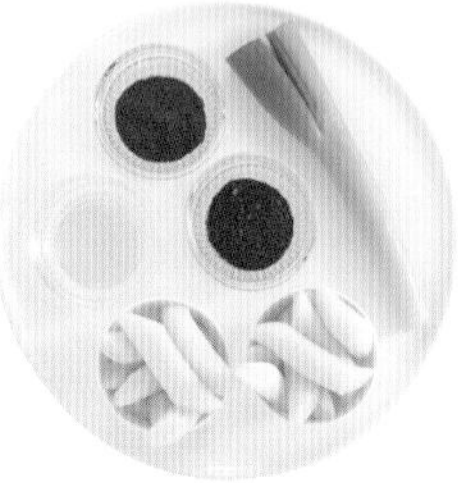

재료(2인분)

☑ 떡볶이떡(쌀떡) 2컵(320g)
□ 대파 $\frac{1}{2}$컵(30g)
□ 굵은 고춧가루 1큰술
□ 고운 고춧가루 $\frac{1}{2}$큰술
□ 황설탕 1큰술
□ 참기름 1큰술
□ 진간장 $1\frac{1}{2}$큰술
□ 식용유 3큰술

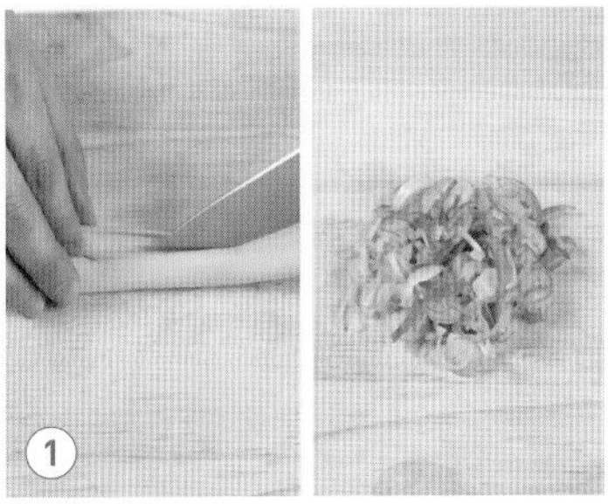

대파는 반 갈라 0.3cm 두께로 송송 썬다.

볼에 떡볶이떡, 굵은 고춧가루, 고운 고춧가루, 황설탕, 진간장, 참기름을 넣는다.

양념이 떡볶이떡에 골고루 배도록 손으로 조물조물 무친 다음 대파를 넣는다.

다시 한번 손으로 조물조물 무친다.

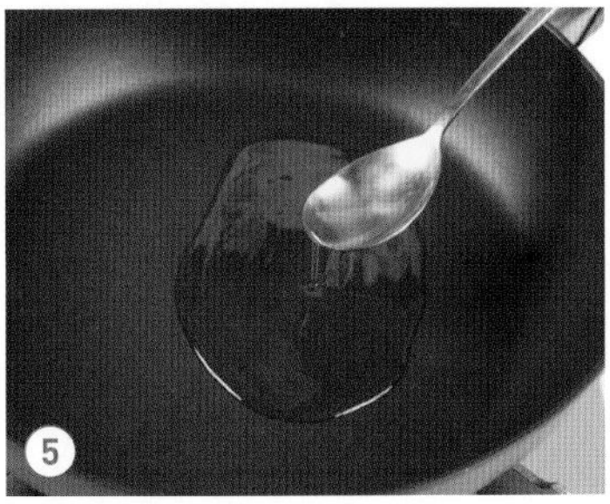

넓은 팬을 불에 올려 식용유를 두른다.

양념된 떡볶이떡을 넣는다.

지글지글 소리가 약하게 들릴 정도의 약불에서 천천히 떡볶이떡을 저어가며 볶는다.

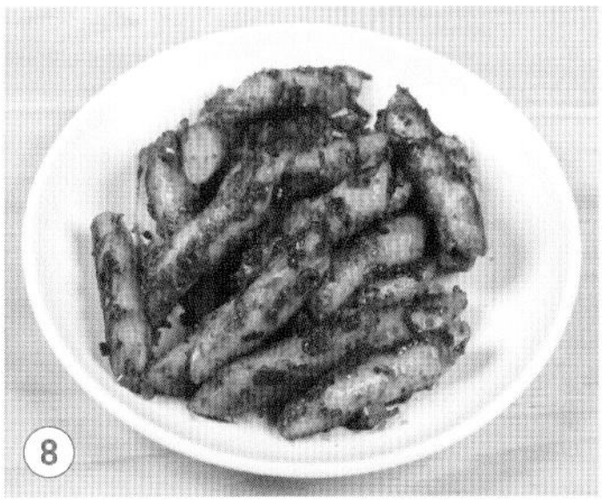

떡볶이떡이 말랑말랑하게 익으면 불을 끄고 그릇에 옮겨 담아서 완성한다.

기름떡볶이는 젓가락이 아닌 이쑤시개를 이용해 찍어 먹어야 제맛이다.

국물떡볶이

남녀노소 국민 간식
국물 자작한
떡볶이!

재료(2인분)

- ☑ 떡볶이떡(밀떡) $3\frac{1}{2}$컵(420g)
- □ 사각 어묵 2장(72g)
- □ 멸치가루 2큰술
- □ 조각 다시마(5x5cm) 3장
- □ 대파 1대(100g)
  (떡볶이용 $\frac{1}{2}$대, 마무리용 $\frac{1}{2}$대)
- □ 고추장 1큰술
- □ 굵은 고춧가루 2큰술
- □ 진간장 1큰술
- □ 황설탕 1큰술
- □ 멸치액젓 1큰술
- □ 물 3컵(540ml)

멸치가루 만들기

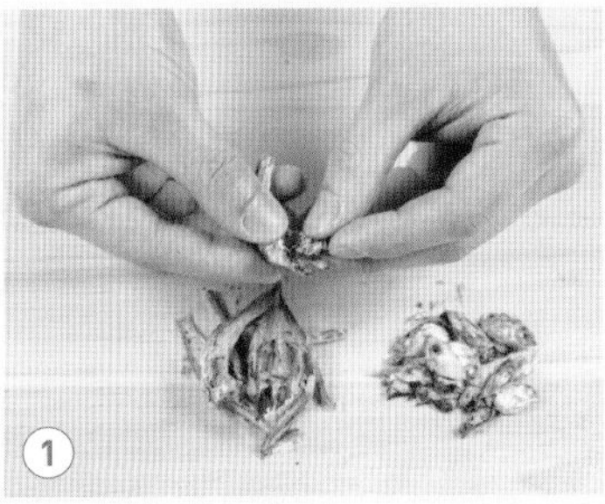

멸치는 국물용으로 준비해 내장과 머리를 제거한다.

팬을 불에 올려 식용유 없이 멸치를 넣고 볶는다.

만든 멸치가루에서
2큰술 사용!

볶은 멸치를 식힌 후 믹서로 곱게 갈아 멸치가루를 만든다.

사각 어묵은 5x1cm 크기로 썬다. 떡볶이용 대파는 반으로 갈라 5cm 길이로 썰고, 마무리용 대파는 0.5cm 두께로 송송 썬다.

떡볶이떡은 물에 담가 살짝 씻은 다음 체로 건져 물기를 뺀다.

사각 어묵은 물이 끓기 전에 넣어야
국물 맛이 우러난다. 다시마는
중간에 빼지 않아도 된다.

넓은 팬에 떡볶이떡, 떡볶이용 대파, 다시마, 사각 어묵을 넣는다.

액젓이 없을 경우에는 간장을
더 넣는다. 국물떡볶이에는
간 마늘을 넣지 않는다.

멸치가루, 고추장, 굵은 고춧가루, 진간장, 멸치액젓, 황설탕을 넣는다.

물을 붓고 불에 올려 재료들을 잘 섞은 다음 강불에서 떡볶이떡이 떠오를 때까지 팔팔 끓인다.

떡볶이용 대파가 숨이 죽고 푹 익으면 마무리용 대파를 넣고 한 번 더 끓여서 완성한다.

tip

멸치가루는 밀폐 용기에 담아 냉장 또는 냉동 보관하여 두고 사용할 수 있다. 물에 멸치가루를 넣고 끓이면 된장국, 칼국수 등 다양한 국물 요리에 활용 가능한 기본 육수가 된다.

알리오올리오떡볶이

마늘과 올리브유가 만난
고급진 느낌의 떡볶이!

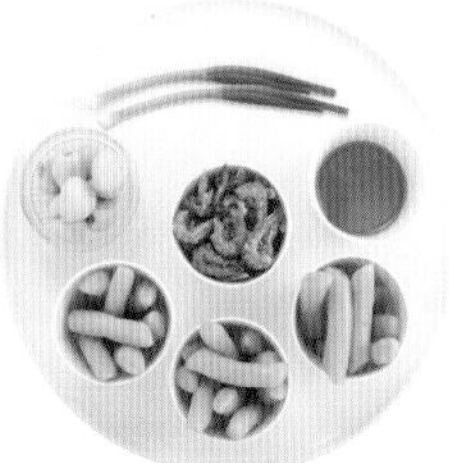

재료(2인분)

- ☑ 떡볶이떡(밀떡) 3컵(360g)
- □ 건새우 1컵(30g) + 5마리
  (가루용 1컵, 떡볶이용 5마리)
- □ 쪽파 2대(20g)
- □ 통마늘 10개(40g)
  (다지기용 7개, 편 썰기용 3개)
- □ 황설탕 1큰술
- □ 꽃소금 1꼬집
- □ 올리브유 $\frac{1}{3}$컵(60ml)

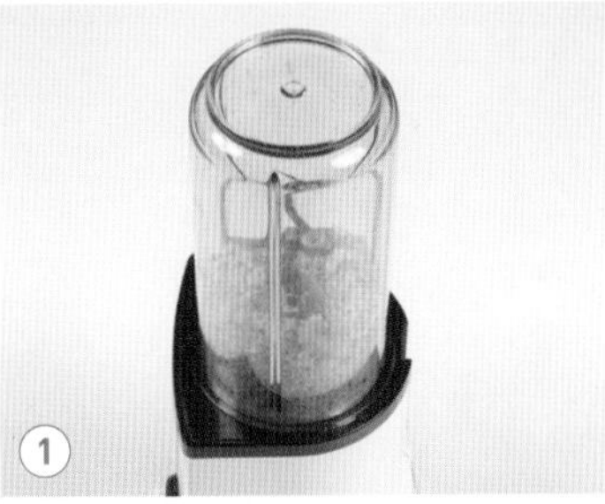
1

건새우는 믹서에 넣고 곱게 갈아 새우가루를 만든다.

2

쪽파는 0.3cm 두께로 송송 썬다. 통마늘 중 7개는 굵게 다지고, 3개는 얇게 편으로 썬다.

마늘 다지기: 통마늘을 칼등으로 눌러 납작하게 만든 뒤 굵게 자른다.

3

떡볶이떡은 물에 담가 살짝 씻은 다음 체로 건져 물기를 뺀다.

약불에서 은근히 볶아야 올리브유에
마늘 향이 배어 더 맛있고, 마늘을 튀기듯이
볶아야 고소한 맛이 난다.
4

넓은 팬에 올리브유를 넣고 불에 올린 후, 편으로 썬 마늘과 다진 마늘을 넣고 약불에서 노릇해질 때까지 저어가며 충분히 볶는다.

5

마늘이 노릇노릇하게 익으면 건새우 5마리를 넣는다.

6

떡볶이떡을 넣고 섞는다.

7

새우가루, 꽃소금을 넣고 저어가며 떡볶이떡이 말랑말랑해질 때까지 굽는다.

8

황설탕이 뭉치지 않도록 골고루 뿌려 섞고, 쪽파를 넣고 섞으며 저어준다.

마지막에 불을 세게 올려 떡의 겉은
바삭하게, 속은 말랑말랑하게
만드는 것이 중요!
9

떡볶이떡이 어느 정도 익으면 강불에서 눌린 다음 불을 끄고 그릇에 옮겨 담아서 완성한다.

tip

양념에서 황설탕을 빼면 알리오 올리오파스타의 베이스로도 활용할 수 있다.

에그베네딕트

냉장고 속 재료로
즐길 수 있는
에그베네딕트
간편 버전!

재료(2인분)

- ☑ 식빵 2장(60g)
- ☐ 슬라이스 햄 6장(60g)
- ☐ 달걀 2개
- ☐ 주키니 호박 약 $\frac{2}{7}$개(116g)
- ☐ 식용유 $\frac{1}{3}$컵(60ml)

홀랜다이즈소스

- ☐ 버터 40g
- ☐ 달걀 1개
- ☐ 식초 $\frac{1}{2}$큰술
- ☐ 황설탕 $\frac{1}{4}$큰술
- ☐ 꽃소금 약간
- ☐ 후춧가루 약간
- ☐ 물 $\frac{1}{2}$큰술

1

주키니 호박은 두께 0.3cm, 길이 6cm로 썬다.

2

넓은 팬을 불에 올려 식용유를 넣지 않고 호박을 넣어 표면이 노릇노릇해질 때까지 구운 후 꺼낸다.

버섯이나 양파 등
냉장고 속에 남아 있는
재료를 활용해도 좋다.
3

팬에 식용유를 넣지 않고 슬라이스 햄을 올려 노릇노릇하게 굽는다.

홀랜다이즈소스 만들기(간단 초보 버전)

물이
넘치지 않게!
4

냄비에 물을 붓고 유리 볼을 넣는다.

5

볼 안에 버터를 넣고 불에 올려 중탕으로 녹인다.

6

버터가 다 녹으면 불을 끈다.

7

달걀을 깨서 볼에 노른자만 분리한다.

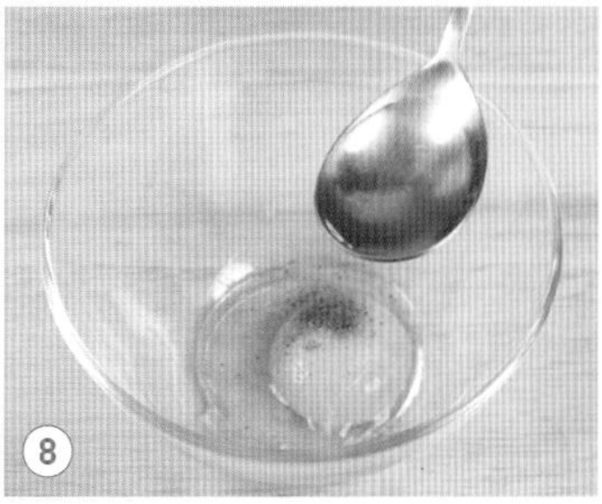
8

노른자에 꽃소금, 후춧가루, 식초, 물을 넣는다.

거품기를 이용해 달걀을 저은 다음, 중탕한 버터를 3번에 나누어 넣으며 거품이 날 때까지 한 방향으로 계속 젓는다.

황설탕을 넣고 설탕이 녹을 때까지 거품기로 저어 홀랜다이즈소스를 완성한다.

팬을 불에 올리고 약불에서 빵을 앞뒤로 노릇노릇하게 구운 후 꺼낸다.

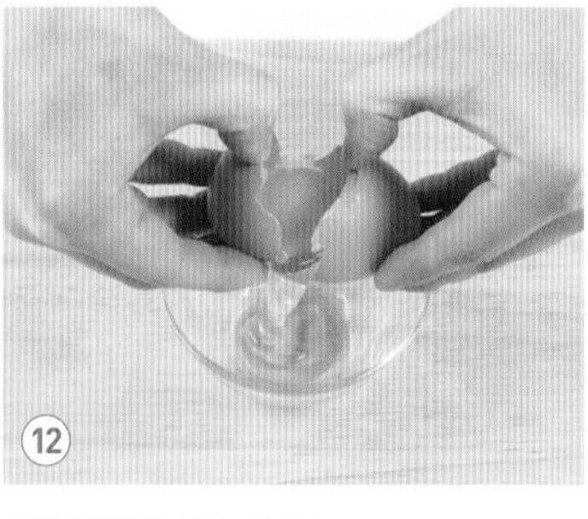

작은 볼에 달걀을 깨둔다.

팬에 식용유를 붓고 불에 올려 충분히 달군 후 팬을 약간 기울여 식용유가 고인 쪽에 달걀을 넣는다.

2인분을 만들기 위해
과정 ⑫~⑭번의 달걀프라이를
하나 더 만든다.
14

달걀프라이가 식용유에 잠기게 한 다음, 튀기듯이 숟가락으로 식용유를 떠서 달걀프라이 노른자에 올려준다. 불을 끄고 달걀프라이를 완성한다.

그릇에 빵을 놓고, 그 위에 구운 호박을 펼쳐 올린다.

호박 위에 구운 슬라이스 햄을 젓가락으로 구기듯이 접어 올려준다.

햄 위에 달걀프라이를 올린다.

홀랜다이즈소스는
3큰술 정도씩! 기호에 맞춰
더 뿌려 먹어도 좋다.
18

홀랜다이즈소스를 뿌려서 완성한다.

집에서도 우아하게
브런치 즐기기
어렵지 않아요!

멕시칸샐러드

양배추 식감이
살아 있는 깔끔한 맛의
멕시칸샐러드!

재료(2인분)

코울슬로

- ☑ 양배추 $\frac{1}{8}$통(300g)
- ☐ 생크림 $\frac{1}{2}$컵(90ml)
- ☐ 꽃소금 $\frac{1}{2}$큰술
- ☐ 통후춧가루 $\frac{1}{6}$큰술

멕시칸샐러드(코울슬로 재료에 추가)

- ☐ 슬라이스 햄 5장(50g)
- ☐ 당근 $\frac{1}{5}$개(54g)
- ☐ 마요네즈 3큰술
- ☐ 황설탕 1큰술
- ☐ 식초 1큰술

코울슬로 만들기

슬라이스 칼로
썰면 더 편하다.
1

양배추는 최대한 얇게 채 썬다.

2

당근은 두께 0.3cm, 길이 6cm로 썰고, 슬라이스 햄은 두께 0.4cm, 길이 8cm로 썬다.

절일 때
소금의 양이 중요!
3

볼에 양배추를 넣고 꽃소금을 넣은 다음, 양배추에 소금간이 잘 배도록 손으로 섞는다.

이때 중간에 양배추를 한두 번
뒤적여주면 잘 절여지는 데
도움이 된다.
4

양배추가 잘 절여지도록 손으로 살살 버무려 숨이 죽고 물기가 생길 때까지 25분 정도 둔다.

물기를 충분히
짜야 아삭한 식감이
난다.
5

25분이 지나면 양손으로 양배추의 물기를 충분히 짠 다음 새로운 볼에 넣는다.

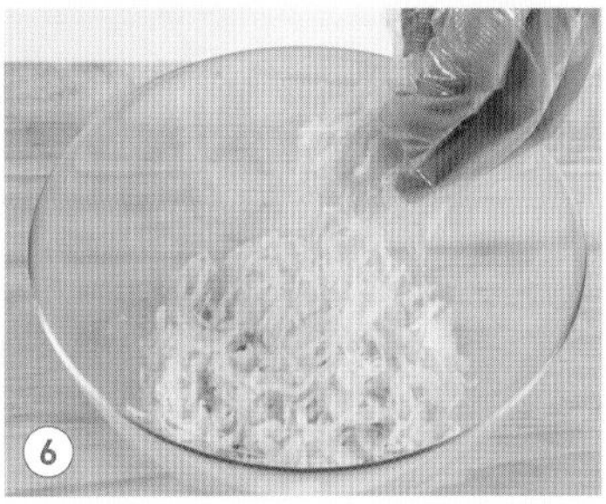
6

물기를 짜놓은 양배추를 손으로 털듯이 풀어준다.

통후춧가루가 없다면
그냥 후춧가루로 대체 가능.
여기까지만 만들면
코울슬로 완성!
7

생크림을 넣고 통후춧가루를 뿌려 골고루 버무려서 코울슬로를 완성한다.

마요네즈의 양은
취향에 따라 조절!
8

코울슬로에 당근, 햄을 넣고 식초, 황설탕, 마요네즈를 넣는다.

9

손으로 재료를 잘 버무린다.

10

그릇에 담아서 멕시칸샐러드를 완성한다.

tip

멕시칸샐러드를 빵에 올려 먹으면 맛있다.

바나나밀크셰이크

바나나와 아이스크림,
우유를 함께 갈기만 하면
든든하고 달콤한
간식이 완성!

재료(2컵 분량)

☑ 바나나 1개(110g)

□ 바닐라 아이스크림 2컵(200g)

□ 우유 2컵 (360ml)

□ 황설탕 1큰술

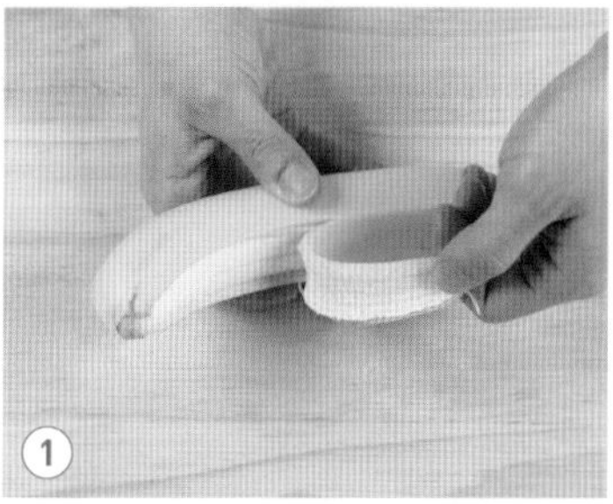

바나나 껍질을 벗긴다.

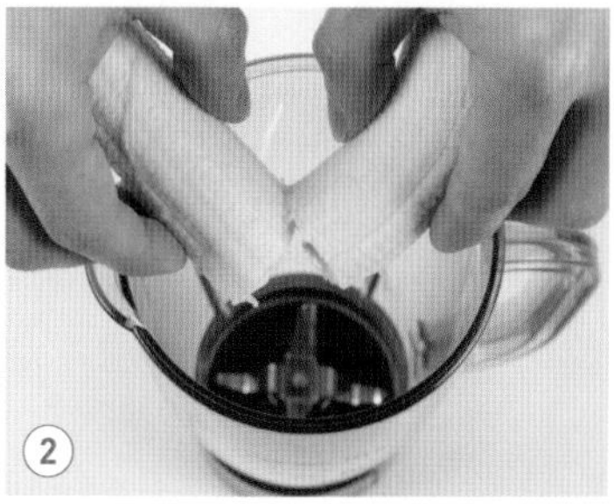

손으로 바나나를 잘라 믹서에 넣는다.

우유를 넣는다.

바닐라 아이스크림을 넣는다.

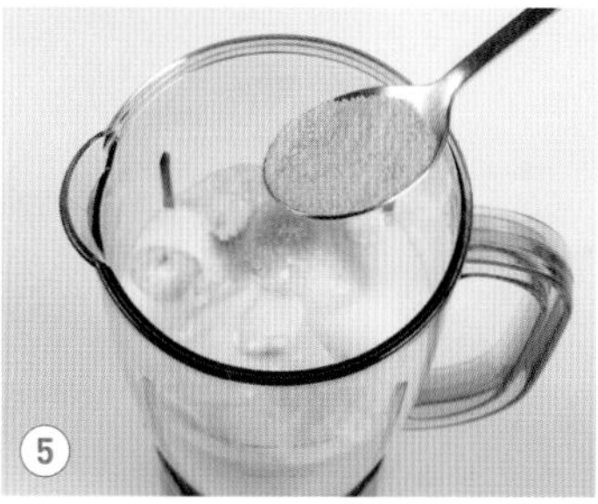

황설탕을 넣는다.

뚜껑을 닫고 믹서를 작동시킨다.

바나나 덩어리가 남지 않을 때까지 곱게 간다.

컵에 담아서 완성한다.

바나나 대신 땅콩버터를 1큰술 넣으면 땅콩밀크셰이크가 된다.

옥수수전

베스트 기본 안주를
집에서도 간단하게!

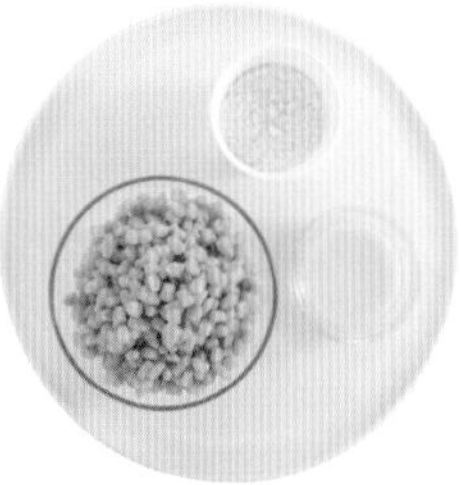

재료(2인분)

☑ 통조림 옥수수 1캔(340g)

☐ 튀김가루 $\frac{1}{2}$컵(50g)

☐ 연유 4큰술

☐ 식용유 6큰술

☐ 물 $\frac{1}{3}$컵(60ml)

통조림 옥수수는 체에 밭쳐 국물은 따라 버리고 옥수수 알갱이만 건져놓는다.

볼에 물기를 뺀 통조림 옥수수, 튀김가루, 물을 넣는다.

재료를 숟가락으로 골고루 섞어 질척한 상태의 반죽을 만든다.

넓은 팬을 불에 올려 달군 다음 식용유를 두르고 옥수수 반죽을 올린다.

너무 크게 부치면 옥수수 알갱이가
분리될 수 있으므로, 초보자는 작은
사이즈로 여러 개 부치는 것도 좋다.

숟가락으로 반죽 가장자리 모양을 잡는다.

뒤집으면서 옥수수 알갱이가
조금씩 떨어져도 당황하지 말 것!

뒤집개를 이용해 앞뒤로 뒤집어가며 노릇노릇하게 굽는다.

바삭하게 구워진 옥수수전을 그릇에 옮겨 담는다.

연유의 양은 취향에 따라
조절! 연유 대신
황설탕을 뿌려도 된다.

연유를 모양을 내어 뿌려서 완성한다.

참치밥전

어떤 주종이든 잘 어울리는
안주로, 식사 대용으로도
충분!

재료(2인분)

- ☑ 참치 통조림 1개(100g)
- ☐ 찬밥 $\frac{2}{3}$공기(150g)
- ☐ 달걀 1개
- ☐ 통조림 옥수수 2큰술(32g)
- ☐ 청양고추 1개(10g)
- ☐ 대파 $\frac{1}{2}$대(50g)
- ☐ 당근 $\frac{1}{6}$개(45g)
- ☐ 양파 약 $\frac{1}{4}$개(62g)
- ☐ 간 마늘 $\frac{1}{4}$큰술
- ☐ 황설탕 $\frac{1}{6}$큰술
- ☐ 꽃소금 $\frac{1}{6}$큰술
- ☐ 까나리액젓 $\frac{1}{2}$큰술
- ☐ 부침가루 2큰술
- ☐ 식용유 $\frac{1}{5}$컵(36ml)

참치동그랑땡 반죽하기

당근, 양파는 잘게 다지고, 청양고추는 반으로 갈라 0.3cm 두께로 썬다. 대파는 반으로 갈라 0.3cm 두께로 송송 썬다.

볼에 대파, 양파, 당근, 청양고추를 넣는다.

액젓은 어떤 것도 OK, 부침가루가 없다면 밀가루도 가능!
참치 통조림은 기름도 함께!

간 마늘, 황설탕, 꽃소금, 까나리액젓, 부침가루, 달걀, 참치 통조림을 넣는다.

채소에서 수분이 나와 반죽이 질척해진다. 여기까지만 만들면 참치동그랑땡 반죽 완성!

숟가락을 이용해 반죽을 골고루 섞는다.

통조림 옥수수가 없다면 넣지 않아도 무방.

통조림 옥수수를 체에 밭쳐 물기를 뺀다.

반죽에 찬밥, 물기 뺀 통조림 옥수수를 넣고 숟가락으로 버무린다.

전의 크기는 기호에 따라서. 하지만 뒤집을 자신이 없다면 작게!

팬에 식용유를 붓고 불에 올려 달군 후, 숟가락으로 반죽을 떠서 올린다.

약불로 줄여서 서서히 익히다가 숟가락과 뒤집개를 이용해 앞뒤로 뒤집어가며 노릇노릇하게 부친다.

그릇에 옮겨 담아서 완성한다.

과정 ①~④번까지가 참치동그랑땡 반죽이다. 참치동그랑땡은 케첩에 찍어 먹어도 좋고, 빵 사이에 패티로 끼워서 참치버거를 만들어 먹어도 좋다.

홍합탕

술이 술술
넘어가게 하는
시원하고 칼칼한
한국식 홍합탕!

재료(2인분)

- ☑ 홍합 3컵(300g)
- □ 청양고추 3개(30g)
- □ 대파 $\frac{3}{4}$대(75g)
  (국물용 $\frac{1}{2}$대, 고명용 $\frac{1}{4}$대)
- □ 양파 약 $\frac{1}{4}$개(62g)
- □ 꽃소금 $\frac{1}{4}$큰술
- □ 물 3컵(540ml)

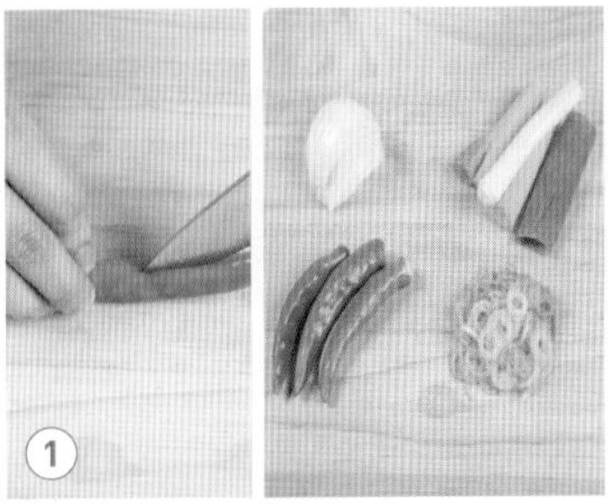

청양고추는 가운데를 길게 갈라놓는다. 양파는 $\frac{1}{4}$ 크기로 준비한다. 국물용 대파는 7cm 길이로 큼직하게 썰고, 고명용 대파는 0.3cm 두께로 송송 썬다.

홍합 손질하기

이음새 반대 방향으로 당기면 홍합살이 상할 수 있기 때문!

홍합의 족사(수염)는 이음새 방향으로 잡아당겨서 제거한다.

홍합을 물에 담가 껍데기끼리 문질러 이물질을 제거하고 뿌연 물이 나오지 않을 때까지 깨끗이 씻는다.

물에 오래 담가두면 단물이 빠지므로 씻어서 바로 체에 건진다.

홍합은 끓는 물에서는 입을 잘 열지 않으므로 찬물에 처음부터 넣고 끓여야 한다.

냄비에 물을 붓고 홍합을 넣는다.

홍합이 담긴 냄비에 국물용 대파, 양파, 청양고추를 넣고 불에 올린 후 한 번 저어준다.

거품은 제거하지 말 것. 끓이다 보면 거품이 사라진다.

국물이 뽀얗게 우러나오고 거품이 나면서 끓어오르면 꽃소금을 넣고 저어준다.

홍합은 육수가 빨리 우러나기 때문에 금방 끓여 신선하게 즐기는 것이 좋다.

거품이 사라지면 양파, 국물용 대파, 청양고추를 건져내고 불을 끈다.

식초를 조금 넣어서 먹으면 해산물의 깊은 맛을 느낄 수 있다.

그릇에 옮겨 담고 고명용 대파를 올려서 완성한다.

바지락찜

빠르고, 간단하면서도
재미있게 만들어낼 수
있는 메뉴!

재료(2인분)

☑바지락 2컵(360g)
☐청양고추 2개(20g)
☐간 마늘 1큰술
☐식용유 2큰술

도구

☐쿠킹호일 50cm

쿠킹호일을 50cm 정도 길이로 넉넉하게 자른 다음, 바닥에 깔고 바지락을 올린다.

바지락 위에 간 마늘을 넣고, 청양고추를 약 1cm 두께로 가위로 잘라 넣는다.

재료 위에 식용유를 뿌린다.

바지락 해감법

1 볼에 바지락을 넣고 바지락이 잠길 정도로 물을 부은 다음 꽃소금을 넣고 저어가며 녹인다.

2 쿠킹호일이나 검정 비닐봉지로 덮어서 서늘한 곳에 3시간 정도 놓아둔다. 소금물에 담근 바지락은 어두운 곳에 두어야 해감이 잘 되며 너무 오래 해감하면 조개의 단맛이 빠져나갈 수 있으니 3시간 이상은 하지 않는 게 좋다.

3 해감된 바지락을 물로 여러 번 깨끗이 씻는다.

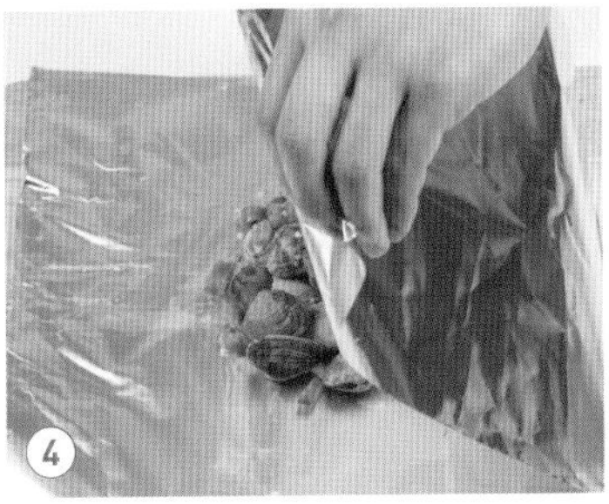

바지락이 보이지 않게 쿠킹호일을 반으로 접는다.

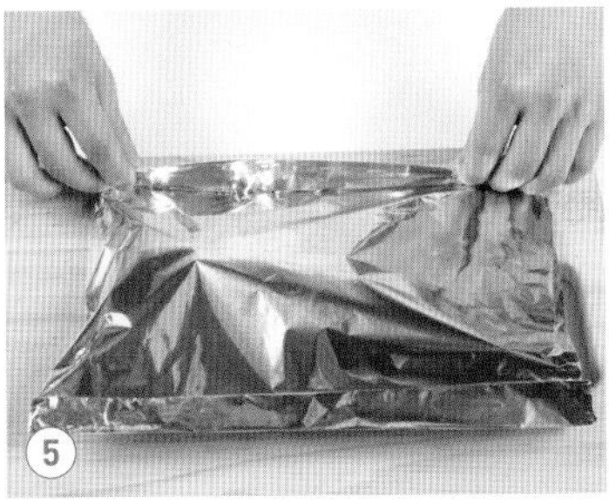

국물이 새나가지 않도록 3면을 꼼꼼히 접는다.

집에서는 헌 팬을
사용하는 것이 좋고, 쿠킹호일은
뒤집지 않는다.

팬에 쿠킹호일에 싼 바지락을 넣은 다음 불에 올려 쿠킹호일이 부풀어 오를 때까지 익힌다.

쿠킹호일이 빵빵하게 부풀어 오르면 불을 끈다.

그릇에 옮겨 담은 후 가위를 이용해 가운데 부분을 십자(+)로 자른다.

자른 부분을 벌려서 완성한다.

목살고추장구이

캠핑이나 집들이
필수 메뉴인 고기를
더 맛있게 구워 먹어보자.

재료(2~3인분)

- ☑ 돼지고기(목살) 500g
- □ 떡볶이떡 10개(190g)
- □ 간 마늘 $1\frac{1}{2}$큰술
- □ 굵은 고춧가루 $1\frac{1}{4}$큰술
- □ 진간장 $2\frac{1}{2}$큰술
- □ 황설탕 3큰술
- □ 고추장 3큰술
- □ 참기름 2큰술
- □ 식용유 $\frac{1}{2}$큰술
- □ 물 $\frac{1}{3}$컵(60ml)

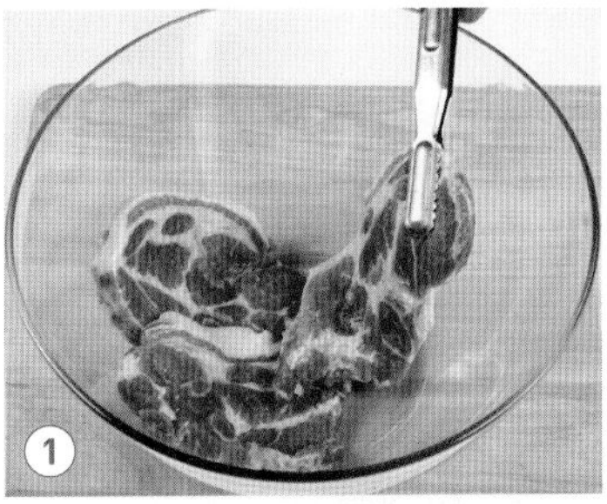

볼에 돼지고기를 겹치지 않도록 펼쳐놓는다.

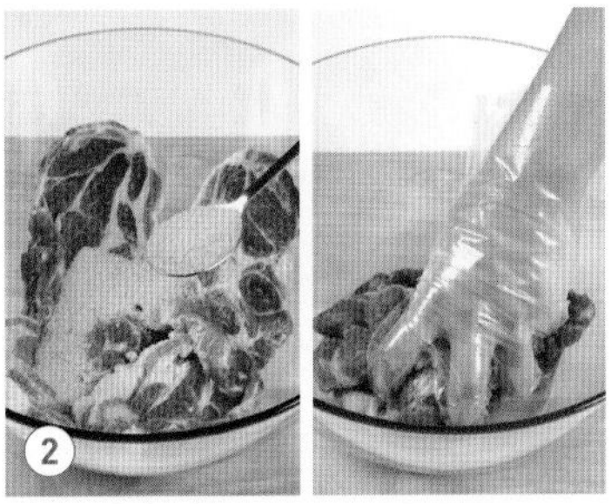

돼지고기에 황설탕을 뿌리고 잘 배도록 손으로 주물러준다.

간 마늘, 고추장, 굵은 고춧가루, 진간장, 참기름을 넣는다.

돼지고기에 양념이 잘 배도록 손으로 충분히 주물러준다.

양념한 돼지고기를 밀폐 용기에 옮겨 담는다.

양념한 고기는
냉장으로 최소 1시간 이상
재우는 것이 좋다.

양념이 남아 있는 볼에 떡볶이떡을 넣어 버무린 후, 돼지고기 담은 밀폐 용기에 함께 넣어 재워둔다.

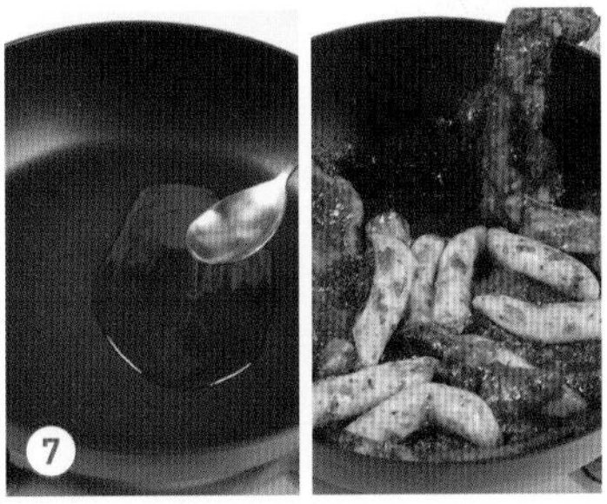

팬에 식용유를 넣고 불에 올려 달군 후 재워둔 돼지고기와 떡볶이떡을 넣고, 한쪽 면이 익으면 고기를 뒤집는다.

기름이 튈 수
있으니 조심!

돼지고기를 뒤집은 후 물을 넣어 양념이 고기에 배도록 졸이듯이 굽는다.

돼지고기가 구워지고 양념이 졸아들었으면 불을 끄고 완성한다.

홈메이드 바이젠맥주

맥주에 막걸리를
섞었을 뿐인데
수제맥주 바이젠
맛이 난다!

재료(2잔 분량)

☑ 막걸리 $\frac{2}{3}$컵(120ml)
☐ 맥주 3$\frac{1}{2}$컵(630ml)
☐ 레몬 2조각(12g)

도구

☐ 맥주잔 450ml짜리 2개

레몬은 반으로 자른 다음 0.3cm 두께로 썬다.

맥주잔에 레몬을 넣는다.

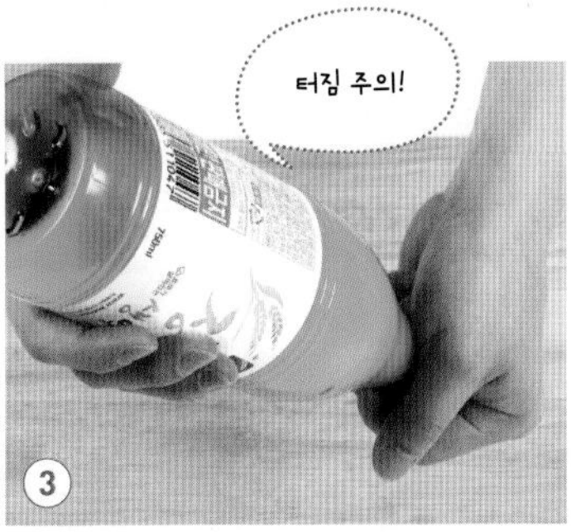

막걸리는 바닥에 가라앉은 것이 없도록 위아래로 흔든다.

맥주잔에 막걸리를 잔의 $\frac{1}{5}$ 정도 붓는다.

막걸리 위에 맥주를 가득 붓는다.

젓가락을 이용해 저어서 완성한다.

찾아보기

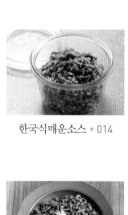

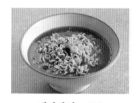

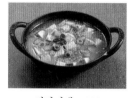

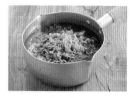

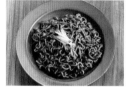

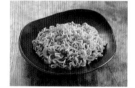

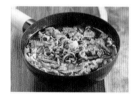

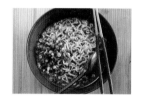

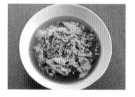

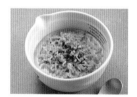

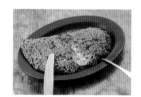

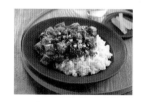

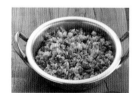

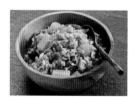

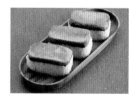

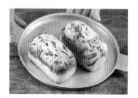

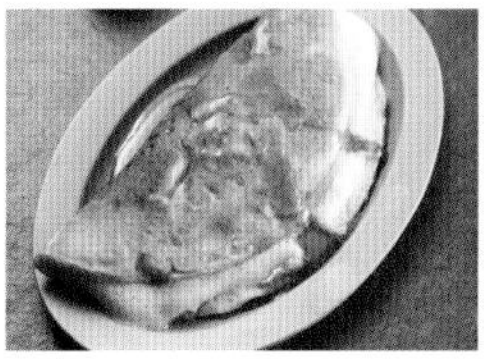

설탕빠다빵 • 088

햄멜트토스트 • 090

베이컨식빵말이 • 092

볶음고추장소스 • 096

볶음고추장비빔면 • 100

볶음고추장찌개 • 102

기름떡볶이 • 106

국물떡볶이 • 108

알리오올리오떡볶이 • 110

에그베네딕트 • 112

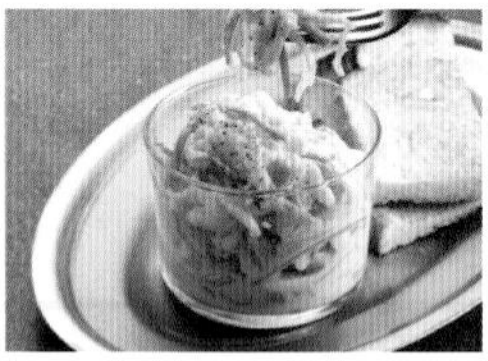
멕시칸샐러드 • 116

바나나밀크셰이크 • 118

옥수수전 • 120

참치밥전 • 122

홍합탕 • 124

바지락찜 • 126

목살고추장구이 • 128

홈메이드 바이젠맥주 • 130